JN224375

Research That Matters

新 企業の研究者を めざす皆さんへ

丸山 宏 著

近代科学社

◆ 読者の皆さまへ ◆

小社の出版物をご愛読くださいまして，まことに有り難うございます．

おかげさまで，（株）近代科学社は1959年の創立以来，2009年をもって50周年を迎えることができました．これも，ひとえに皆さまの温かいご支援の賜物と存じ，表心より御礼申し上げます．

この機に小社では，全出版物に対してUD（ユニバーサル・デザイン）を基本コンセプトに掲げ，そのユーザビリティ性の追究を徹底してまいる所存でおります．

本書を通じまして何かお気づきの事柄がございましたら，ぜひ以下の「お問合せ先」までご一報くださいますようお願いいたします．

お問合せ先：reader@kindaikagaku.co.jp

なお，本書の制作には，以下が各プロセスに関与いたしました：

・企画：小山 透
・編集：伊藤雅英
・組版：中央印刷（InDesign）
・印刷：中央印刷
・製本：中央印刷
・資材管理：中央印刷
・カバー・表紙デザイン：tplot Inc. 中沢岳志
・広報宣伝・営業：山口幸治，東條風太

はじめに

この本は、企業の研究者の方々、あるいは企業の研究者を目指す学生の皆さんへのメッセージである。大学や政府の研究機関の研究者になって、アカデミックな道を究めるのも1つの研究者人生であろう。一方、企業の研究者になれば、皆さんの研究成果をその企業の製品やサービスを通して、よりダイレクトに世の中に出していくことができる。日本の民間企業における研究者の数は45万人とも言われている。基礎研究所、研究開発本部、R&Dセンターなど、様々な呼び名の組織で働いている人たちである。そして、これらの人々が、日本の研究開発の最前線を支えているのである。

私は1983年に日本アイ・ビー・エムに入社して以来、26年間にわたって同社東京基礎研究所で勤務した。そのうちの3年間は、東京基礎研究所の所長として、自分の考える研究所のあり方を実践した。その間、約160名の研究員に対して、研究のやり方、キャリア形成の考え方、ビジネスの方向性など、様々なトピックに関してのレターを社内ブログの形で発信した。

その後、キヤノンに転職し、デジタルプラットフォーム開発本部という本社系の研究開発組織で本部長のスタッフとして働いた。IBMもキヤノンもグローバルな優良企業だが、その企業文化には良い点も悪い点も含め、いくつもの大きな違いがある。キヤノンでの経験は、技術リーダーシップとは何か、ということを考えるきっかけとなった。そこでの考察を元に、2011年に統計数理研究所のポジションをいただいてから4年間、勤務の傍ら東京大学工学系研究科技術経営戦略専攻で、技術リーダーシップについての講義を行った。

2016年には、株式会社 Preferred Networks（PFN）に入社し、若

い研究者・エンジニアと深層学習に関する技術開発やビジネス開発に携わると共に、様々な政府の委員会・学会に参加した際は一企業を超えた視点で研究開発のあり方を考えてきた。

米国の大企業 IBM、日本の大企業キヤノン、アカデミアである統計数理研究所、それにスタートアップ企業の PFN と、それぞれ組織の仕組みやカルチャーの違いはあるが、研究の評価のしかたや人財マネジメントなど、研究マネジメントには共通の悩みを持っている。本書の前作『企業の研究者をめざす皆さんへ』[1] では、私が3年間勤めた IBM 東京基礎研究所の所長時代に、研究員に宛てて書いたレターを中心にまとめることで、企業の研究者をめざす皆さんに対するメッセージとした。

しかし、10年経って読み返してみると、内容に物足りなさも感じる。特に

- 過去10年に私がキヤノン（国産大企業）、統計数理研究所（アカデミア）、PFN（スタートアップ企業）というまったく異なる環境における研究・研究マネジメントを経験し知見を得たこと
- 情報技術の急速な発展によって、研究の方法論が大きく変化しつつあること

の2点について、内容を修正・追加したく思った。前作では IBM 基礎研究所で実際に所員へ向けて発したレターを中心に、それを解説する形の構成をとった。内容に臨場感があり、当時の IBM Research の研究の様子を理解してもらうにはよかったが、それは特定企業の特定の時点でのスナップショットにすぎない。アカデミアでの研究との対比、また民間でも大企業とスタートアップ企業の違いを含め、より広い視点を読者の皆さんに伝えたい。

そこで、本書では、IBM 東京基礎研究所当時のレターに加えて、

東京大学での講義に使ったケース、PFN での活動や政府の委員会・学会等の活動などを紹介しながら、企業の研究者の皆さんに対する私の思いをつづってみたい。

　私は自分のキャリアの中で、必ずしも研究所にこもっていたわけではない。営業部や、お客様のサイトで過ごしたこともあったし、製品事業部やコンサルティング部門に出向したこともあった。1997年から 2000 年の間は、東京工業大学情報理工学研究科で客員助教授として教えていたこともある。それらの経験は、外から眺めることによって、研究所の価値を見直すきっかけを与えてくれた。特に、2003 年にコンサルティング部門に出向してフルタイムのコンサルタントとして働いたことは、コミュニケーションのやり方やビジネスのマネジメントについて多くの示唆を与えてくれたし、それらの知見はこの本の中に多くちりばめられている。

　この本で述べられていることは、私の個人的な思いであり、必ずしも私が所属した組織の方針や戦略を反映したものではない。研究者像は多様であり、それぞれのスタイルのどれが優れている、というものでもない。だから、自分の目指す研究者像がこの本に現れなかったとしても、ネガティブに考える必要はない。むしろ、自分の独自性を出せるポイントと思ってもよいだろう。同様に、企業の方針や戦略は刻々変化していて、たとえ私の時代に正しかったことでも、その後状況が変化して時代遅れになったものもある。そんな中からも、読者の皆さんの独自の感性で、普遍的なものをこの本の中から見つけていただければ、望外の幸せである。

2019 年 12 月

丸山　宏

目次

第1章

Research That Matters

Research That Matters

企業で行う研究は、その成果が世の中に目に見えるインパクトを与えるべきである。インパクトのある研究、それを私は "Research That Matters" と呼んでいる。「マター」というのは、それによって人が動く、世の中が変わる、という意味である。ドン・ストークスの著書『パスツールのクォドラント（象限）』[2] によれば、研究開発は 2 つの軸によって、4 つの象限に分けることができると言う（図 1 参照）。軸の 1 つは、研究が基礎研究であるか、応用研究であるかの別だ。もう 1 つの軸は、研究の動機を表し、世の中の真実を知りたい、という知的欲求なのか、あるいは世の中の問題を解きたい、という問題指向の欲求なのか、という違いを表す。物理学者ボーアの研究は、左上の象限、すなわち知的好奇心を動機とした基礎研究の典型である。一方、エジソンの行ったことは、電球を発明してそれが実際に役に立つように工学的な完成度を高めたことであったが、彼はそれがなぜうまくいくのか、という原理を探求することには興味が無かったという。パスツールは、人々の病気を治し

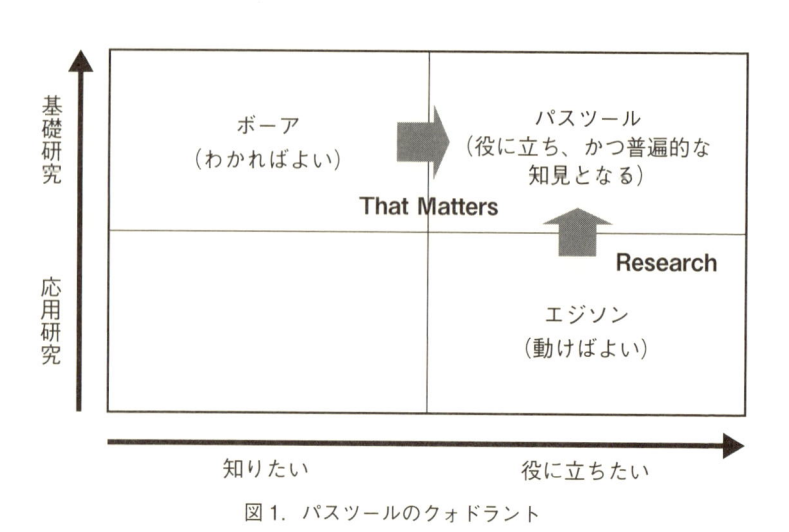

図 1. パスツールのクォドラント

たい、という切実な目的意識があり、その中から細菌学という基礎研究を打ち出した。ドン・ストークスは、「強い応用への動機付けを持った基礎研究」というパスツール型の研究が、米国が今後政府としてサポートすべき研究と言った。

エジソンは偉大な発明家だが、研究者ではなかった。我々は研究者として研究をすべきであり、ものごとの原理に常に立ち返って真理を追究する姿勢を失ってはならない。それが図の中の "Research" という矢印で示した意味である。一方、研究は真理を追究するだけでなく、その結果は、世の中にインパクトを与えなければならない。もっと直截的には、お客様や社会の問題を常に意識して、それを解くための真理・原理・仕組みを考えていかなければならない。これが "That Matters" という矢印の意味である。

私自身の経験を少しお話させていただきたい。私は 1983 年に東京工業大学の情報科学専攻修士課程を修了して日本 IBM に入社し、当時のジャパン・サイエンス・インスティチュート、後の東京基礎研究所に配属された。当時は第五世代コンピュータの研究が盛んで、私も論理型言語 Prolog やそれを用いた自然言語処理を、大学時代に引き続いて会社でも研究していた。自然言語処理、さらには機械翻訳の研究を入社後 10 年ほど行い、その中で、いくつか著名な学会に論文を書くことができたし、その結果として、京都大学から博士号もいただいた。しかし、残念ながら、それらの研究は世の中へのインパクトに結び付いていなかったことも事実である。

我々が開発した機械翻訳の仕組みを実用化しようと、私は 1991 年に、あるお客様のもとに 6 ヶ月間常駐した。このお客様は自動車会社の開発部門で、日本で設計した自動車の設計変更文書を海外の工場に送るために、日本語から英語への翻訳作業を必要としていた。フルタイムの翻訳者が何名かいて、毎日エンジニアから依頼された設計変更文書の翻訳作業を行っていた。私はこれらの翻訳者の隣に

席をもらい、彼らの翻訳ノウハウを我々の翻訳システムに教え込む、という作業を半年間にわたって行った。6ヶ月の後には、我々の翻訳システムはかなりの精度で設計者の書く日本語を英語に翻訳することができるようになったと思う。

しかし、残念ながらこのシステムは結局お客様に使われることがなかった。翻訳システムを使っても、トータルなコスト削減にはならない、というのがお客様の判断であった。機械翻訳の精度が100%でない以上、人手によるチェックが必要で翻訳者を無くすわけにはいかないこと、また、機械翻訳システムにかけるためには、当時手書きで書かれていた設計変更文書をコンピュータに打ち込むオペレータを新たに雇わなければならないこと、がその大きな理由であった。研究として得られた成果だけでは、実際の世の中では必ずしも役に立たないのだということを学んだ。

その後、文献検索、手書き文字認識、マルチメディアなどの研究を少しずつつまみ食いしたがどれも大きな成果につながらなかった（ただし、文献検索については、その後同僚研究者の継続的な努力により、テキストマイニング技術として大きく花開いた）。

1996年の夏から1年間、私は米国IBMのインターネット事業部に出向させてもらった。ここで、様々なインターネット技術に出会ったことが私のキャリアを大きく変えることになる。

当時、インターネット上では、いわゆる「プッシュ型配信」と呼ばれるものが流行していた。バックグラウンドでニュースの配信を受け、それをスクリーンセーバ画面の上に表示するPointCastはその典型である。1997年になって、マイクロソフトがこのプッシュ型配信にXMLを使う、ということを言い始めたため、プッシュ型配信技術の技術評価を行っていた私は、XMLに興味を持った。XMLのルーツはSGMLという文書マークアップ言語にあり、SGMLはもともとIBM社で作られたものである。XMLの技術も当然IBM

が持っているだろうと思い、社内をいろいろ調査してみたのだが、意外にも XML の技術開発をしているチームは社内には見あたらなかった。そこで、1997 年の夏に東京基礎研究所に帰任してからは、小さなチームを作って XML 技術の開発にあたった。

　結果的にこの判断は正解で、私たちのチームは XML1.0 の標準が公開されたのと同日に、この標準に準拠した XML 文書解析ツールを IBM の alphaWorks というダウンロードサイトから公開することができ、多くの人の注目を集めた。また、このことがきっかけで、米国 Addison Wesley 社から XML 技術の専門書の執筆を依頼されるという僥倖に恵まれた。この本は米国で出版されたが、日本語を含む 6 ヶ国語に翻訳され、第 2 版と合わせて全世界で 6 万部以上が売れた。

　また、米国出張中に興味を持ったもう 1 つの技術、インターネットセキュリティ技術については、帰国後東京工業大学の客員助教授のポストをいただいたため、大学の研究室で学生諸君と一緒に研究することにした。私にとってラッキーだったのは、XML とセキュリティというまったく異なる 2 つの技術を同時に習得できたことである。当時、XML の専門家もセキュリティの専門家もたくさんいたが、両方が同時にわかる専門家は皆無と言ってよかった。一方、XML がビジネス間のデータ交換に使えることがわかってきてから、XML 上でセキュリティを保障する仕組みの必要性が認識され始めていた。我々はいち早く、XML 上でデジタル署名や暗号化を行う方法に関する多くの提案を行い、World Wide Web コンソーシアムを通して世界標準の確立に貢献していった。XML はその後 Web サービスのベースになったことから、Web サービスのセキュリティ関連の標準化についても、IBM 社の代表として東京基礎研究所が先頭に立つことが多かった。その後、データ交換フォーマットとしての XML は、よりシンプルな JSON に置き換えられていった

が、当時使われていた XML セキュリティ、Web サービスセキュリティの標準化文書には、私をはじめ IBM 東京基礎研究所のメンバーの名前を多く見ることができる。

　XML あるいは Web サービスの仕事をしていた 1997 年から 2003 年は私の研究者人生で最も充実していた時である。年齢で言えば 39 歳から 45 歳であり、コンピュータ・サイエンスの研究者としては決して若いとは言えなかったが、自分のやっていることが社会にインパクトを与えている、という手応えがあった。

　私が機械翻訳の研究をしていた最初の 10 年と、XML の仕事をしていた 6 年間と、どちらが世の中にインパクトを与えたかと言えば、明らかに後者である。確かに機械翻訳の仕事では論文も書けたし学位もいただくことができた。しかし、結果的には私の仕事は袋小路に入ってしまい、世の中にインパクトを与えることができなかった。一方、XML の仕事からはあまり学術的な論文を書くことはできなかったが、標準化文書を通して、また出版された本を通して非常に多くの人に影響を与えることになった。これらの経験を通して私が強く思うのは、企業の研究の真価は、それがどんな形であれ、インパクトの大きさで測られるべきだということである。私が 2006 年に IBM 東京基礎研究所の所長になったときに、その考えを "Research That Matters" という言葉で端的に表現した。

　では、「マターする」研究とはどのようなものであろうか？ 「マターする」は「インパクトを与える」と言い換えてもよい。インパクトの与え方は様々なものがあろう。もちろん、何百回も参照されるようなインパクトのある論文を書くのでもよい。あるいはコンピュータ・サイエンスの場合であれば、例えば Linux のように世界中の人に使われるソフトウェアを開発するのも、大きなインパクトであろう。私たちの XML や Web サービスの仕事は、標準化を通して IT 業界に大きな影響を与えた。

現在私が所属するPFNでは、深層学習を用いた技術を次々に発表していて、世の中にインパクトを与えつつある。2016年には、ラスベガスで行われた世界最大規模の見本市CES（Consumer Electronics Show）で、深層強化学習を用いて複数のミニカーが信号のない交差点をぶつからずに走るデモを行い、また、同年ドイツで行われた産業用ロボットのコンペティションであるAmazon Picking Challengeでは、初出場にも関わらずピッキングタスクで首位と同点の2位に入り、高い評価を得た（図2）。これらの技術を

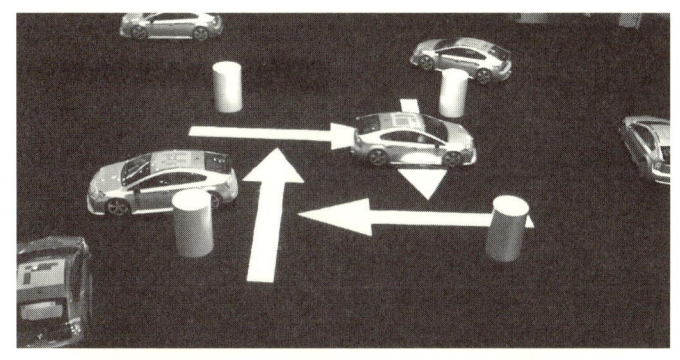

図2．CESにおける「ぶつからない車」デモ（上）
Amazon Picking Challenge（下）

ベースに、トヨタ、FANUC など業界大手の企業と共に、技術によるイノベーションを推進している。

　この本の次章以降で、「マターする」研究を行うためにどのようなことに気をつければよいのか、そのような研究ができるようになるにはどのようなキャリアパスを考えればよいのか、そのような研究ができる組織や環境はどうあるべきなのか、などについて私が考え、周囲の研究員にも伝えてきたことを記していきたい。

第 2 章

研究の営み

Research That Matters

マターする研究は必ず以下の3つのステップからなる。

1. 良い問題（研究課題）を選ぶ。
2. 問題を解く。
3. 結果を価値につなげる。

　まず良い問題を選ぶことが、研究の入口だが、多くの研究者にとって一番難しいステップでもある。問題設定が悪ければ、せっかく解けても意味がなかったり、そもそも難しすぎて解けないかもしれない。ひとたび問題が設定されれば、その問題を解くのが、研究活動の本体だ。解が見つかれば、それを製品やサービスに組込んだり、論文発表したりして、会社の価値につなげていく。

　これらの3ステップのどれか1つが欠けていてもマターする研究にならない。日本の大学・大学院では、このような「研究のやり方」というものに関してあまり系統だった教育・訓練はしていないのではないかと思う。私自身も、このようなことは大学ではあまり教わらず、会社に入って数年間はどのように研究計画を立てればよいのか、試行錯誤の日々だった。私がIBMに入社した当時は、東京基礎研究所（当時ジャパン・サイエンス・インスティチュートと呼ばれていた）もできたばかりで、研究のやり方を教えてくれる人もいなかった。入社後7〜8年たって、自分の論文がコンスタントに採択されるようになって、やっと自分の研究スタイルが身についてきたと思う。いま振り返って思うのは、特に日本の研究者はステップ1と3、すなわち研究の入口と出口をうまく設定するのが苦手だということである。

　この章では、研究の営みを入口、研究本体、出口の3ステップに分けて、皆さんへのヒントを示したい。

2.1 良い問題を選ぶ

　良い研究の第 1 は、良い問題（研究テーマ[1] と呼ぶ会社もある）を選ぶ、ということである。良い問題を選ぶセンスは、研究者としての重要な資質だ。2006 年 5 月に IBM 東京基礎研究所で研究員に宛てた次のレターは、良い問題とは何か、について私の思うところを語っている。

Letter

良い問題を選ぶ

　研究者にとって大事な資質の 1 つは、「良い問題を選ぶ」ということです（ここで言う「問題」には、「○○という性質を満たすシステムを作る」のようなものも含まれます）。世の中には、限りなく多くの問題があります。研究者の数は限られていますし、皆さんの人生も限られていますから、どの問題を解くか、ということは非常に重要な問題です。何よりもまず、結果が意味を持つような問題を選ばなければなりません。どんな素晴らしい結果を出したとしても、それが世の中にインパクトを持たなければあまり意味はないでしょう。

　同様に、問題をどの程度の難しさの問題として定式化するか、も重要です。世の中の非常に多くの問題は、簡単に解ける問題であり、解き方がよく知られていてやればできる問題で、研究者がその貴重な時間を使って取り掛かるまでもないことです。また、簡単なものと同じくらいたくさんの問題は、極めて難しくて、解くのが原理的

---

[1] 「テーマ」は日本語でよく使う言葉だが、英語では "theme"（発音注意）であり、個々の研究課題というよりはより広い研究対象領域を指すことが多いようだ。

あるいは実際的に不可能で、やっても無駄な問題であるはずです。
だから、その中間を狙った「難しくて今は解き方が知られていない
が、おそらくあと1〜2年頑張れば解けると思われる」という問題
が、研究者にとってのスイートスポットになります。解ければ世の
中にとってインパクトがあり、なおかつ頑張れば解けそうな問題を
定式化できることが、良い研究の第一歩だと思います。

　研究課題は決して簡単なものであってはならない。できるとわ
かっている問題を解くのは「研究」とは呼ばない。最善の努力をし
ても解けない問題もある。もしあなたが、今まで設定した問題をす
べて解いてきたのだとすれば、あなたは研究者として十分にチャレ
ンジしてはこなかった、ということだ。そのことは肝に銘じてもら
いたい。

　研究課題を選ぶのがうまい研究者と私が思う1人に、東京基礎研
究所の小野寺民也さんがいる。彼は1980年代の終わり頃、まだC
言語のオブジェクト指向拡張としてC++がメジャーになる前に、
COB（C with Object）というCの拡張言語の設計と実装に携わっ
た。この言語は、Cの小回りの良さと性能を犠牲にせずに、Javaの
ような型安全性、ガーベジ・コレクションによるメモリ管理を備
えた現代的なプログラミング言語であり、小野寺さん自身が開発し
た、効率の良い、安定した処理系によって高い実用性を持っていた。
私はこのCOB言語でいくつものプログラムを書いた。前述した機
械翻訳システムの基幹部分はこのCOB言語で書かれている。COB
は、当時としては野心的な設計であったが、決して性能や実用性を
犠牲にすることのない、エレガントな言語だったと思う。彼はその
後、Java言語や大規模なミドルウェアの、メモリ消費量と性能を改
善する研究を行い、IBMの製品に大きく貢献した。現在では、量子

計算のプログラミングを普及させる活動を行っている。

このレターは、続けて、私自身の経験についても語っている。

問題を探す

「良い問題を選べと言われても、問題は上司に与えられていて、自分で考える余地はない」と言われる方もいるかもしれません。確かに大枠のテーマは上から与えられることが多いかもしれませんが、その中で自分で技術チャレンジを見つけることができるのではないかと思います。最初は小さなものでよいのです。私は 1993 年に数ヶ月間だけ手書き文字認識プロジェクトの手伝いをしたことがあります。そのとき私に与えられた目標は、認識結果を辞書に突き当ててスコア最大の単語候補を見つける、探索のプログラムを書くことでした。よく知られた手法はビームサーチという手法で、これを単純に実装すればよかったのです。しかし、それだと、サフィックス（後半文字列）が共通な単語（例えば -tion で終わる語）について別々のパスを通るためにわずかに効率が悪く、また本来良い候補が単語前半のスコアの悪さのために捨てられてしまう可能性がありました。私は辞書の構造（TRIE というデータ構造）をオートマトンとしてみることができることに注目し、オートマトンの最小化のテクニックを使って同じサフィックスの単語を共通のパスにまとめることができないかと考えました。そのため、図書室へ行ってオートマトン最小化のアルゴリズムをサーベイし、$n^*\log(n)$ で最小化できるアルゴリズムの論文を発見しました。結果として、手書き文字認識の精度と効率の向上に貢献することができました。

私は、どんなテーマを与えられても、自分なりに技術チャレンジを見つけることができるのだと信じています。もしどうしても、自分のやっている仕事の中に技術チャレンジが見つからなければ、上

司、友人、メンターに相談してみてください。あるいは私に直接話してくださるのでもいいです。そして、自分のテイストを信じてよい問題を見つけてください。

　では、良いテイストを持つにはどうしたらよいでしょうか？　それにはいろいろなアプローチがあると思いますが、1つの考え方は、多くの人の研究内容や考え方に触れることです。それには常に、いろいろなことに興味を持ち、世の中で何が起きているかにアンテナを張っておくことです。人の話を聞いていると、「あれ、この話は以前やった○○の研究の時に困った問題と似ているぞ」とか、「このテクニックは○○さんのあの問題に適用できそうだ」とか、いろいろ考えるものです。常に、自分の興味のレパートリーの中に新しいものを加えていって、それは将来いつ役に立つかわからないけれど、でもきっと役に立つのだと思います。特に、数学や、論理学や、そういう基礎的なことを折に触れて勉強しておくことを勧めます。

　私の尊敬する研究者の1人に東北大学の徳山豪先生（2019年現在は関西学院大学）がいます。以前は東京基礎研究所にいた方で、私が研究に行き詰ったときには徳山さんにアドバイスをいただきに行きました。ご存知のように徳山さんは特に計算幾何学におけるアルゴリズム理論の大家ですが、それだけでなく、暗号理論やグラフ理論やデータマイニングなど幅広い知識を持っていて、いろいろな分野の論文を書かれていました。このように「たくさんのポケット」を持っていて、それらから自在にネタを取り出すことができれば、研究の幅がずっと広がり、良い問題を定式化するセンスが磨かれるのだと思います。

　IBM東京基礎研究所の片山泰尚さんは「たくさんのポケットを持つ」研究者の1人だ。彼はもともと物理学が専門で、プリンストン

大学では電子工学で博士号を取得した。以来、物性や半導体の世界で成果を出しつつ、その後情報理論を勉強し、主要な成果として非常に高速な前方誤り訂正符号方式を発明した。また、物理学のバックグラウンドを活かして、電磁波や光による通信と組合わせて、新しいコンピュータのメモリ・通信システムアーキテクチャを提案した。最近では波動を計算に用いる新しいアイディア［3］で、IEEEの論文賞を受賞している。彼は、次々に新しい分野であっと驚くようなアイディアを出してくるのだが、その源泉は半導体物理と情報理論という複数の分野の基礎がしっかりしている上に、いろいろな応用について常にアンテナを張って興味を持ち続けているからだと思う。良い研究者像の一例と言える。

　PFN の秋葉拓哉は国立情報学研究所から 2016 年に転職してきた。もともとはアルゴリズムの研究者であったが、同時に競技プログラミングの世界では知らない人のいない強者である。彼は深層学習の専門家ではなかったが、深層学習の訓練に非常に長い計算時間がかかることから、これを並列計算機を使って高速化することを試みた。おりしも、PFN は 1,024 台の最新の GPU を搭載する自社のスーパーコンピュータ MN-1 を構築中であり、それを使って Imagenet+ResNet50 というベンチマークで世界最高速を達成する、という目標を立てた。彼の分散アルゴリズムに関する深い知見と実装力がその実現を可能にし、1,024 台の GPU を数週間専有できるという、普通の研究者にはなかなか得られないチャンスをうまく活用して、それまで Facebook が持っていた 60 分という世界記録を大幅に改善する 15 分で結果を出し、世界中から注目を集めた。どのような結果を出せばインパクトがあるか、それを実現するチャンスはどのくらいか、を冷静に見積もった上での研究課題の設定であり、非常に良い問題設定であった。

　統計数理研究所や PFN でもそうだが、IBM 東京基礎研究所にもと

きどき外部の方が来られるので、そのような場合はできるだけ研究員に向けて講演をしていただいて、刺激を受けようとしていた。前述のレターを書いてから数日後に、東京基礎研究所にカーネギーメロン大学の金出武雄先生（2019 年現在は同大学ワイタカー冠全学教授）が来られて講演をしてくださった。金出先生はご自身の研究内容を講演されるとき、非常に楽しそうだったのが、最も印象的であった。研究課題を見つける際には、それは究極的には面白くて楽しいものでなければならない、という思いを強くし、次のレターを書いた。

Letter

面白い研究とは

2 週間前に金出先生の話を聞きましたよね。ビジュアルで、かつ冗談があちこちにちりばめられていて、エンターテインメントとしても一流だったように思います。まさに、「関西系のノリ」ですね！しかも、プレゼンのやり方そのものが、金出先生のキーメッセージ、「研究とは面白くて楽しいもの」になっていたのではないでしょうか？

では、どうすれば面白くて楽しい研究ができるのでしょうか？「良い研究」は面白くて楽しいはずです。「良い研究」について金出先生は、人工知能で有名な Allan Newell の以下の言葉を挙げています。

- Good science responds to real phenomena or real problems
- Good science is in the details
- Good science makes a difference

1 番目は、現実世界の中で「これは何故だろう」とか、「こういうことができればいいな」という単純な発想から良い研究は産まれる、ということを言っているのだと思います。また、2 番目はそのような問題を解くには、物事の詳細まで突き詰めて考える必要がある、

ということだと思います。つまり、この 2 点が金出先生のおっしゃる「素人発想、玄人実行」[4] にまさにつながっているのですね。また、3 つめの Good science makes a difference は、私たち流に言えば、"Research that matters" だと思います。

　金出先生はプレゼンの最後にもう一度この Newell の言葉を引用して、それに加えて「問題はあなたが解いてくれるのを待っている」と結びました。つまり、世の中には良い問題のネタはいくらでもころがっていて、それを見つけて解いていくのが私たち研究者の仕事なのだ、ということだと思います。

　したがって、良い研究者になるためには、良い問題を選ぶセンスを身に着けなければなりません。この点は、前回のレターでも私なりの考えを披露しましたよね？　金出先生も、「世の中のほとんどの問題は難しすぎて解けないか、そうでなければ解けても役に立たない問題だ」とおっしゃっていました。では、どうやったら良い問題を選ぶセンスを身に着けることができるのでしょう？　夜の食事の席でこの質問をしたら、「うーん」としばらく考えて、「研究が成功したときにどういうデモをするつもりか」を考えてみたら、と言われました。

　金出先生のおっしゃるには、研究の成果をデモとして見せたとき、「これはどのように動いているのですか」と聞かれるようではまだまだで、見せたとたんに「これはいくらですか」と聞かれることが、デモの成功した証拠なのだそうです。つまり、デモを見た人が、見たとたんに「この技術はこの問題に使えそうだ」「あの問題にも使えそうだ」と目を輝かせる、そういうデモが良いデモなのでしょう。デモを見せる目的は、その技術が世の中にどういうインパクトを与えるかを理解させることにある、と言えそうです。逆に言えば、その技術にどのような斬新なアルゴリズムが使われているか、どこに苦労したか、などはデモの目的としては二の次だ、ということです。

2018 年の春、PFN はその年の秋に幕張の CEATEC でロボット技術のデモを展示することを決めた。多くのメンバーが集まってどのようなデモを行うかを考え、家庭の居間を想定した空間で床にちらばっているおもちゃや衣類などを片付ける、「お片付けロボット」のデモを行うことになった（図 3）。技術的には世界最高レベルの画像認識技術、ロボティクス技術、音声認識技術などを高度にシステム化したものだったが、高い完成度のインテグレーションができたため、1 週間に渡る展示をほぼノートラブルで行うことができた。このデモは好評で、一般家庭の片付けだけでなく、私たちが想像していなかったあらゆるシチュエーションでこの技術が使えるのではないか、と多くの問合せをいただいた。その意味で金出先生にも、良い問題設定だったと言っていただけるものだと思う。

図 3. CEATEC における「お片付けロボット」のデモ

2.2 問題を解く

　ひとたび研究課題が設定されたら、それを解くのが研究活動の本体である。問題設定の際にすでに解の方針が見えていたとしても、いったん問題全体を見渡して、どのように解いていくのかを考えてみるとよい。その上で、問題を小さな部分問題に落とし込み、それぞれを解いていく。この際に使える問題解決の一般的手法のいくつかについて、簡単におさらいしてみよう。

2.2.1　問題の分割

　研究を進めていくと、一見手に負えない複雑な問題が出てくることもしばしばある。複雑な問題を解くための一般的な手法として、**分割統治**（Divide-and-Conquer）という考え方がある。A という問題を解くために、B と C という部分問題に分解し、それぞれ（A そのものよりもシンプルになっている）を独立に解いて、それらを合成して A を解こうというものである。やり方はシンプルで、多くの人は意識せずに使っている手法だろう。

　難しいのは、問題を重なりなく、また漏れなく分解することである。この「重なりなく」かつ「漏れなく」を **MECE**（Mutually Exclusive, Collectively Exhaustive、日本のビジネスシーンでは「ミーシー」と発音することが多い）と呼ぶことがある。もともとは、コンサルティング会社であるマッキンゼーが社内の方法論として持っていた概念のようだが、ロジカル・シンキングのツールとしてよく知られるものとなった。

　問題 A を部分問題 B、C に分解したときに、B と C に重なりがないことは多くの場合簡単にわかるが、それらが A のすべての場合を尽くしているかは、場合によってはわかりにくいことがある。そん

なときに使えるのが、諏訪良武氏が提唱する「タテとヨコの質問」という方法論である [5]。この方法論は極めてシンプルで、以下の2つの質問を繰り返すだけである。

1. その問題の要因を1つ挙げてください。
2. その要因を取り除くと、問題は解けましたか？

　もし、質問2の答えがNOであれば、また1に戻る。このようにして、すべての要因を数え上げることができるのである。大事なポイントは、人には、すべての要因を一度に列挙するのは難しいが、問題点を1つだけ挙げるのは比較的容易だということだ。トヨタの「なぜなぜ5回」（「なぜ」という質問の答えにさらに「なぜ」を繰り返して問題の真因をさぐる方法論）などにも通じる考え方だが、諏訪氏の「タテとヨコの質問」は、問題分割のツールとして私の知る限り最も優れていると思う。

2.2.2　仮説生成と検証

　問題が部分問題に分割されたとして、部分問題の解法が複数考えられる場合はどうしたらよいだろうか。研究とは、解けるかどうかわからない問題を解く営みであるから、研究の営みにおいてはやってみたがだめだった、ということは当り前のように起こる。研究において試行錯誤は、仮説生成・仮説検証という2つのフェーズに分けて行う必要がある。

　仮説生成フェーズでは、対象となる部分問題を解く方策を数え上げる。たとえば、過去の論文を探し、適用可能な手法をリストアップする、チーム内でブレインストーミングし、様々なアイディアを検討する、などである。仮説生成フェーズでは、できるだけ間口を広くし、多くのアイディアをテーブルの上に乗せることが重要である。

仮説生成フェーズが終わったら、それらの仮説を比較検討し、有望と思われる仮説に絞り込んで順に検証を行う、**検証フェーズ**に入る。大事なのは、自分がいま仮説生成フェーズにいるのか、検証フェーズにいるのかを明確に意識することだ。一度ある仮説を選んで検証フェーズに入ったら、その途中で別の有望な仮説を思いついたとしても、なんらかの結果が出るまで今の仮説の検証に集中すべきである。そうすれば、たとえ検証結果が否定的なものであったとしても「その仮説ではうまくいかない」という知見を残すことができる。ここで大事なことは「うまくいかない」と判断した理由を添えて論文や研究ノートなどに記録しておくことだ。そうすれば、他のすべての仮説がダメだったときにも、元の仮説に戻ってさらに深堀りしてみるべきかどうかを判断する材料になる。

　問題解決のノウハウ本にはよく、仮説・検証はサイクルだ、という表現がある。1つの仮説を選びそれを検証する、というサイクルを繰り返すという意味では正しいが、少なくとも研究においては、仮説生成フェーズでまず可能な仮説をできるだけ数え上げてから検証フェーズに入るべきだ。多くの場合、検証には時間とコストがかかる。最初に思いついた仮説の検証を始めると、後からより良い仮説が見つかった場合の無駄が大きくなる。最もやっていけないことは、検証の結果が出る前に他の仮説に飛びつくことである。皆さんの研究にはコストがかっている。なんらかの結果を出す前に検証を止めてしまえば、その間のアウトプットはゼロになってしまう。たとえ否定的な結果でも、それをきちんと記録しておけば、会社としてはそれを将来の価値につなげることができるかもしれないのだ。

2.2.3　仮説の検証

　検証は何らかの形で合理的なものでなければならない。仮説が**存在性仮説**（ある性質を満たす X が存在する）であれば、わかりやす

い検証方法は、その X を作ってみせることだ。「囲碁で人間のチャンピオンに勝てるコンピュータ・プログラムを作ることができる」というのは存在性の仮説であり、Google の AlphaGo はその検証をしてみせた。一方、仮説が特定の事実ではなく、一般的な法則に関するもの（**全称性仮説**）である場合には、より複雑な推論を要求する。全称性仮説に関して科学で使われる合理的な推論には、大きくわけて帰納と演繹の 2 種類がある。演繹は比較的わかりやすいが、難しいのは帰納的な推論だ。

「光は直進する」という原理を発見したのはユークリッドだと言われている。彼は晴れた日の影のでき方や、木漏れ日が直線になるのを観察し、これらの観察結果を説明する仮説として「光は直進する」という原理にたどり着いたのだろう。この仮説「光は直進する」を H、影のでき方や木漏れ日の観察などを $O_1, O_2, \cdots$ としよう。我々が H を信じるのは、H（光は直進する）を仮定すれば、$O_1, O_2, \cdots$ のような様々な現象をうまく説明できるからだ。このように、自然を観察し、その中から共通の原理を帰納的に見つけていく**帰納推論**は、科学の基本的な方法論の 1 つである。

「光は直進する」という仮説 H は、影や木漏れ日などの現象 $O_1, O_2, \cdots$ を良く説明するが、それらの現象から H を証明できるわけではない。あくまでも、今まで観測された現象と矛盾しない仮説として認められるだけである。将来に渡って H と矛盾する観測が存在しないことは保証されないし、また、$O_1, O_2, \cdots$ をもっと良く説明する他の仮説がないことも保証されない。実際、「光は直進する」という仮説 H は常に成り立つわけではない。異なる媒質の中では光は曲がって進むこともある（その後フェルマは、H に代わって「光は最短経路を進む」という仮説を提唱した）。

それでは、帰納推論において何かの仮説が正しいと（一時的にせよ）認められるのはどのような場合だろうか。19 世紀の終りになっ

て、科学における帰納推論の方式に新たなイノベーションが起きた。これが**統計的仮説検定**の考え方である。もし仮説 H の下で、観察 O が常に成り立つとすれば、O でないこと（¬O）を 1 例だけ観察すれば ¬H を証明することができる（**背理法**と呼ばれる）。問題は、科学における観察は常に誤差を含むことである。仮説 H の下で高い確率で O が観察されることが論理的にわかっていたとしよう。しかし実験の結果、O と矛盾する観測 ¬O が得られたとする。この場合、仮説 H が成り立つのだと仮定すると、偶然（誤差）によって極めて起こりにくい事象が起きたのだと解釈せざるをえない。むしろ、そもそも仮説 H が成り立たない、と考えるのが自然であろう。

この推論方式でわかるのは、仮説 H が（おそらく）成り立たない、ということである。このため、統計的仮説検定を使った推論では、検証したい仮説 H（**対立仮説**と呼ぶ）ではなく、その否定 ¬H（実験の結果ありそうもないとして棄却したいので**帰無仮説**と呼ばれる）を仮定して推論を進める。実験の結果、¬H を仮定した場合に得られるはずである観察 O の否定、¬O が得られたとする。このことは、低い確率の事象が起きたのでないとすれば、帰無仮説 ¬H が間違っていることを示唆する。その結果 ¬H は成り立たない、すなわちその否定である、対立仮説 H が成立する、という推論を行うのである。もちろん、実験には誤差がつきものなので、結果が確率的に間違っている可能性もある。このため、誤差の確率分布を考えた上で、帰無仮説 ¬H の下で実験結果が誤りとなる確率（**p 値**と呼ぶ）をある一定値以下におさえるようにする。この「ある一定値」を**有意水準**と呼び、多くの科学論文で使われる値は、5％あるいは 1％である。

これは極めて強力な推論ツールである。19 世紀終りから 20 世紀初頭にかけて形作られた統計的仮説検定によって、帰納的な科学推論は初めて、客観的でかつ定量的な裏付けを得ることができたのだ。

現在も、多くの科学の分野において、統計的仮説検定に基づく推論が行われている。

　統計的仮説検定は「まず仮説を固定し、次に実験を計画する」という形でないと、正しい推論にならないことに注意してほしい。ITのない時代、統計的仮説検定は非常にコストのかかる作業であった。統計的に有意な結果を得るためには、それなりに多くの実験データを集めなければならない。加えて、その統計処理も手計算、あるいは原始的な計算道具（そろばん、数表、計算尺、機械式計算機など）を用いて行うしかなかった。だから科学者たちは、仮説を非常に慎重に選んでいたのだろう。せっかく仮説を立てて実験しても、結果として ¬O（つまり帰無仮説を棄却できるだけの証拠）が得られなければ、統計的仮説検定からは何も言えないからである。よく練られた仮説だけが、実験・仮説検定の俎上に乗っていた。

　その状況はしかし、IT が科学実験に深く関わるようになってから、大きく変わりつつある。現在では統計的仮説検定を行うのも、Excel でマウスクリック 1 つで行うことができる。だから、1 つの実験結果に対していくらでも複雑な仮説を生成して、検定してみることができる。そういう世界で、統計的有意水準を 5% としてたくさんの仮説を試してみるとどういうことになるだろうか。p 値が5% ということは、仮説が成り立たないにも関わらず間違って統計的仮説検定を通ってしまうことが、20 回の実験で 1 回くらいありそうだ、ということである。あるいは、互いに関係のなさそうな（独立な）仮説を 20 個試せば、その仮説が成り立っていないにも関わらず1 つくらいの仮説は、よく認められた「科学の文法」によって、正しいものと認められてしまうのである。実際、統計的仮説検定を正しく使わなかったため間違った結論を出している論文が多く見られる。このため、米国統計学会は p 値の誤用に関して注意を喚起する

異例の声明を 2015 年に出している[2]。

2.2.4　関係の推論

　統計的仮説検定は、ある命題に関して、その真偽についての帰納的な推論に関するプロトコルであった。一方、科学の法則には、真偽ではなく**関係**を示すものがある。ある変数 X と別の変数 Y の間に $R(X, Y)$ という関係が成り立つ、という法則を示したいとしよう。これを実験の結果から帰納的に示すにはどうしたらよいだろうか。例えば、X と Y の観測値が図 4 のような散布図として得られたとする。この図を見れば、X と Y の間には $Y = aX + b + \varepsilon$ のような線形の関係があるのではないか、という仮説が得られるだろう（ε はノイズを表す確率変数とする）。では「X と Y は線形の関係にある」という仮説の下で、この図で得られたデータを最もよく説明する a と b はどのような値だろうか。皆さんが物理実験で習う**線形回帰**は、このような推論の一例である。

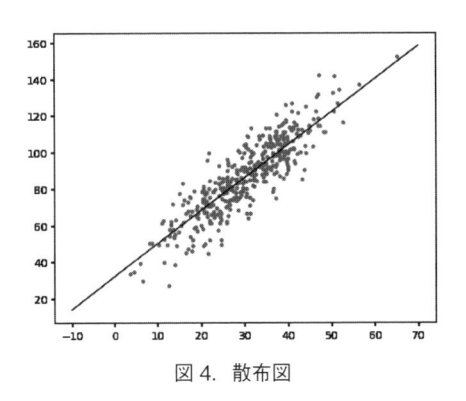

図 4.　散布図

---

[2]　https://www.amstat.org/asa/files/pdfs/P-ValueStatement.pdf

より一般的には、X と Y との関係 R を考える際に、私たちは関係の族 $R(X, Y; \theta)$ を考える[3]。ここで θ はパラメータであり、関係の族（例えば線形の関係全体の族）の中で、特定の関係（例えば $Y = 2X + 3$）を指定するのに用いられる。この場合、$\theta = <2, 3>$ である。ある実験データ $\{<x_1, y_1>, <x_2, y_2>, \cdots, <x_n, y_n>\}$ が得られたときに、X と Y がある関係の族 $R(X, Y; \theta)$ を満たすという仮説のもとで、この実験データをもっともよく説明する θ_0 を求めることを、**統計モデリング**と呼ぶ。最小二乗法による線形回帰は、統計モデリングの典型的な例である。

　統計モデリングにおいて「実験データをもっともよく説明する θ_0」とはどういう意味だろうか。実は「もっともよく説明する」という概念にはいくつかの流儀があるのだが、よく使われるものは「その θ_0 を仮定すれば、実験データが得られる確率が最も高い」というもので、**最尤推定**と呼ばれる。θ_0 を固定した上での確率を論じていることに注意してほしい。実験データを固定した上で、最も確率の高い θ を求めて θ_0 としているわけではない[4]。現実にはありそうもない θ_0 であっても、手元にある実験データをうまく説明できる限り、最尤推定で選ばれてしまうこともある。最尤推定による統計モデリングは、帰納的に関係を示す強力なツールだが、限界もあることを知っておこう。

2.2.5　因果の推論

　統計モデリングで得られるのは相関であって、因果ではない。**因**

---

[3]　統計モデリングの世界では、関係の族を**モデル**と呼ぶ（AIC（赤池情報量基準）などで「モデル選択」といったときの「モデル」はこの意味である）。「モデル」という言葉は、分野や文脈によって様々な意味に使われることがあるので、注意が必要である。

[4]　実験データを固定したうえで最も確率の高い θ_0 を求めるには、θ を確率変数と考え、θ の事前確率分布を仮定しなければならない。

果とは、変数 X が原因となって、変数 Y が結果的に変化するという関係をいう。相関と因果を取り違えると間違った結論を導くことがある。例えば「警察官の少ない街には犯罪が少ない」という相関を「警察官が少ないから犯罪が少ない」という因果として読んでしまうと、犯罪を減らすために警察官を減らせばよい、という考え方になる（おそらく因果は逆で、「犯罪が少ないから警察官が少ない」ということなのだろう）。

もし、仮説としてどうしても因果を主張したい場合には、どのように検証すればよいだろうか。そこで使われるのが、**ランダム化比較試験**という手法である。これは、創薬の世界で標準的に使われる手法である。ある薬が効くかどうか（すなわち「薬を投与すると、症状が改善される」という因果関係があるかどうか）を示す場合には、患者をランダムに実験群と対照群に分け、実験群には薬を、対照群には偽薬（プラシーボ）を投与する。もし、実験群が統計的に有意な改善を見せれば、それは「薬を投与したから」という因果と解釈することができる。このランダム化比較試験は、広告でよく使われる **A/B テスト**という手法と同じものである。

ランダム化比較試験は、実験対象に介入しないと実施できない。介入ができない実験対象に対して因果関係を示すにはどうしたらよいだろうか。ごく稀に、実質上ランダム化比較試験と同じことが行われたとみなせる状況が自然に起きていることがある。これを**自然実験**という。「働いている女性は子供を産むと仕事を辞める」という因果関係が存在するかに関する論文 [6] について考えよう。本来、ランダム化比較試験をするのであれば、仕事をしている女性を 2 グループに分けて、実験群の女性には子供を産むように指示し、対照群には子供を産むな、と指示しなければならないが、当然このようなことはできない。この論文では、既に 2 人の子供がいる、働いている女性に目を付けた。別の研究で、2 人の子供が同性ならば、女

性は3人目を産む確率が高いことがわかっている。生まれてくる子供の性別がランダムに決まるのであれば、これはあたかも女性をランダムに2つのグループに分け、一方のグループには子供を産むように、他のグループには子供を産まないように指示したのと同様の状況が起きていることになる。この論文は、それぞれのグループの女性が仕事を辞める割合を調べ、女性が（3人目の）子供を産むことと、仕事を辞めることには因果関係があることを示した[5]。

実験データから正しいプロトコルによって結論を導くことは、研究者にとって必須のスキルであるが、統計が専門でない研究者にとって、統計的な手法を正しく使うことは難しい。かくいう私も、かつて統計的仮説検定を誤用していたこともある。正しく理解できるようになったのは統計数理研究所に来て、統計を勉強し直してからだ。もし、皆さんが自信がなかったら、ぜひ周囲のシニアな研究者に聞いてほしい。

2.2.6　改善を行う

研究の目的が、仮説の検証やモデル化ではなく、既に現存するシステムの改善である場合もある。例えば売上の予測精度を上げる、最適化によって流通コストを削減する、あるいは製品の歩留まりを改善する、などだ。

このような**改善型**の研究の場合、まず改善したい客観的な数値指標、すなわち**目的変数**を明確に定めなければならない。目的変数はビジネス上のゴール（ビジネスの世界では **KPI**（Key Performance Indicator）と呼ぶこともある）に直結していることが望ましいが、同時に、効果がタイムリーに測定可能なものでなければならない。

---

[5] この研究は、「働いている女性は子供を産むと仕事を辞める」という一般の因果関係は示していないが、少なくとも3人目の子供についてはこのようなことがいえる、ということを示している。

ビジネス上のゴールとして適切であっても「10年後の売上」のような、その効果が研究が終わってからでしかわからないような指標では、研究における目的変数としてはふさわしくない。

お客様の特定の環境における改善ではなく、一般の手法についての改善が問題設定ならば、研究コミュニティによって広く使われる**標準問題**（ベンチマーク問題）が設定されていることもある。画像認識における MNIST や ImageNet、文献検索の標準データセット NTCIR、音声認識用の標準データセット Switchboard 会話音声認識タスクなどである。これらの標準問題の存在が、健全な研究開発を促進しているので、このような標準問題の指標を、改善の目的変数として利用するのも 1 つの手である。

次に現状の**ベースライン**を明らかにする必要がある。現在の工場の歩留まりはいくらだろうか。売上予測の精度はどのくらいだろうか。標準問題の認識精度で最新の報告はどれだけだろうか。もし、知られているベースラインがなければ、何らかの仮定を置かざるをえない。知られている手法が何もない問題設定では、例えばランダムにサイコロを振って明日の売上を予測するのがベースラインとなるかもしれない。

改善の**上界**を見積もることも、現実問題では重要である。IBM Research の Vice President だったアルフレッド・スペクターは、改善型のプロジェクトのレビューにおいて必ず、「このプロジェクトが完全にうまくいったとすれば、その改善の度合いはどのくらいか」という質問をした。例えば、トラック配車の最適化によって流通コストを下げたい場合、もし神様がいて、需要や供給の情報が完全に把握でき、無限の計算資源を使えるとしたら、どれだけコストを下げられるだろうか。当然、最低限のトラックが最低限の距離を走らなければならない。だから、理論的にそれ以上コストを下げられない、という限界が存在する。もちろん、上界は、頑張れば達成

できることを保証した値ではない。不完全な情報に基づいて推定されているので、あくまでも「それを越えた改善はありえない」ということを示しているのに過ぎない。にもかかわらず、上界を明らかにすることは、過分な期待を押さえ、改善の範囲がどのくらいになりそうかを知る良い目安となるだろう。

改善のベースラインと上界が明らかになれば、どのくらいの改善が見込めそうか、という目安を算出できる。私は目的変数のベースラインと上界との比を**スマートファクタ**と呼んでいる。スマートファクタが 1.01 の問題は、どんなにうまくいっても 1%の改善しか見込めない問題だ。一方、スマートファクタが大きい問題（たとえばスマートファクタが 10 の問題）では、改善の余地が大きく、うまくすれば大きなインパクトにつながる。私は IBM 時代にスマートシティなどのプロジェクトに携わったが、「スマート化」によって指標がどのくらい改善できそうか、を簡易に見積もるのに、この「スマートファクタ」を使っていた。

このように改善型の問題設定では、目的変数を定義し、ベースラインと上界が明らかにすることが重要である。その上で改善のための様々な仮説を立て、その仮説を検証するという形で改善を進めていけばよい。

2.2.7　ソリューションを設計する

企業における研究では、個別の問題を解くというよりも、今までにないシステムを作ってみせる、という**設計型**の研究も多い。典型的なものの 1 つは、Xerox パロアルト研究所が作った世界最初のパーソナルコンピュータ ALTO であろう。ビットマップディスプレイとグラフィカル・ユーザ・インタフェース、イーサネット、マウスなど個別の新機能もあったが、これらを統合して個人向けのワークステーションという概念を打ち立てたところに、この研究の

最大のインパクトがあった。

　問題解決型の研究に比べて、設計型の研究は難しい。理由は2つある。1つには、ある設計がうまくいったかどうか、客観的に測定しにくいことである。AT&T ベル研究所が開発したオペレーティングシステム UNIX は、現在広く使われている Linux、iOS、Android などのオペレーティングシステムの原型である。オペレーティングシステムの良し悪しは、究極的にはおそらく「人々が気持ちよく使えるか」で決まるのであり、機能や性能など客観的な指標では十分に捉えきれない。

　設計が難しい2つ目の理由は、設計には無限の可能性があって、どれを選んでよいか、どの方向に進めばよいかわからないことにある。元京都大学総長の長尾眞先生は、ここに工学の難しさがあるという［7］。科学は、唯一の真理に向かって進む学問だが、工学はモノを作る設計型の学問である。したがって工学研究の成功は、私たちの社会がどのようなモノに価値を見出すか、という社会の価値観、すなわち**哲学**に依存する。すなわち、工学は科学と哲学の要素を同時に包含するディシプリンであり、双方に関する洞察が欠かせないのである。

　あなたが、お客様のシステムの設計をしなければならなくなった場合を考える。研究所に求められているのが、そのうち特定の難しい問題を解くのであれば、研究所としてはその問題解決に特化し、全体のシステムインテグレーションは事業部やシステムインテグレータに任せるのがよいと思う。一方、設計そのものに新しさ・難しさがあり、価値があるのであれば、研究として設計をしなければならない。ただし、論文にはなりにくいことは覚悟しなければならない。

　システム化については、技術移転の項目（2.4.1 項）で再度述べるが、良い設計は、大人数で行うよりは、少人数で基本設計を決める

のがよいように思う。大人数で設計された高機能なプログラミング言語である PL/I や Ada はあまり使われなかったのに対して、軽量で小回りの効く言語である C は開発以来 50 年近くになるが、いまだに広く使われている。良い設計の秘訣が何か、それは私にはわからないが、少なくとも良いセンスが必要で、良いセンスというものは人々に関する深い洞察や想像力から磨かれるのだと思う。一方、個別の研究者を見ると、問題解決が得意なタイプと、設計が得意なタイプとがいるようだ。チームの中で設計と問題解決とにうまく分担できることが望ましい。

2.3 研究を進める

　問題解決や推論の科学的方法がわかったとして、日々の研究を進めるにはどうしたらよいか。研究者も人間であり、なかなかアイディアが浮かばなかったり、検証へ進むべき仮説を決められなかったり、いわゆるスランプに陥ることもあるだろう。一方で、事業部やお客様のスケジュールや、論文の投稿締め切りがあり、研究といえども**研究計画**は立てなければならない。私はプランニングが苦手で、スケジュール通りにきちんとコツコツと開発や実験をする、ということがなかなかできない。これは個人による差が大きいところのようで、私の息子（今は成人して 1 児の父である）は研究者ではないが、学生時代は毎年夏休みの計画をきちんと立て、その通りにこなしていた。私は締め切りに追われてバタバタするのが常である。血がつながっている親子でもこれほど性格が違うのか、と思うこともある。

　ここでは、「締め切りに追われてバタバタ」タイプの研究者に、2 つヒントを差し上げよう。1 つは「研究を始める前に論文を書く」というバックキャスト型研究スタイルだ。2008 年に IBM 東京基礎研究所で書いた次のレターを見てほしい。

バックキャスト法

　ここのところ、ずっと、プロジェクトレビューをさせていただいています。私にとっては約 160 名の研究員の皆さんの 1 人ひとりに接する絶好の機会で、それぞれの研究内容を理解する上で大変役に立ちます。今回、その中で感じたことを 1 点、皆さんと共有したいと思います。それは、研究の成果をどのようにアピールするか、を良く事前に考えてから研究をしてほしいということです。多くの研究員が、アイディアは大変良いのですが、そのアイディアを実現してみてから、それから初めて「さて、このシステムの効果をどのように評価しようか」と考えているように感じます。その結果、往々にして、アイディアの効果の測定を始める段階になってから初めて必要なデータが足りないことがわかったり、客観性が十分な評価ができなかったり、ということが起きています。これらのことを、研究を始める前に、事前に考えていたらもっと違ったアプローチが考えられたはずなのに、と思うことが多いのです。

　どうしたら、研究成果のアピールのしかたを事前に考えることができるでしょうか？　わかりやすいのは、「この研究が成功したらこのような論文を書こう」という論文の骨子を、研究開始前にあらかじめ作ってしまうことだ、と聞いたことがあります。これは 1 つのうまいやり方だと思います。論文には、ある程度定まった構成があり、その構成に基づいて考えていけるからです。

　まず大切なのは問題の定式化です。つまり、「私がこの論文で解いてみせるのは、この分野のこの問題です」ということを明確にすることです。長期的なビジョン、目標はもちろんなければならないですが、その中で、「ではこの特定の論文で解くべき問題が何であるか」、をわかりやすく定式化しなければなりません。もちろん、一気

に長期的な目標が解けるわけではないので、ある程度問題を切り分けて、手に負えるサイズの問題に落とし込まなければならないでしょう。またこの際、いろいろな仮定をおく必要があるでしょう。どのように納得性のある合理的な仮定を置くか、は研究の成功の1つの決め手になると思います。

　問題が定式化されると、それではこの問題が今までどのように解かれていたか、先行研究を調べなければなりません。もし、先行研究がなかったとすれば、誰でも思いつくような、ナイーブなアプローチではどのような結果になるか、を事前に調べておくことも必要でしょう。これをベースラインとしてよく理解しなければなりません。そして、自分の研究では、このベースラインに比べてどのような向上を主張したいのか、をよく考えるとよいと思います。アブストラクトの最後の文に書きたいことは何でしょうか？　XX の性能が何%向上した、精度が何%向上した、XX という性質が証明できた、などが、アブストラクトの最後に来る文になると思います。これが皆さんの研究のさし当たってのゴールになります。

　では、このゴールを達成したことを論文の中でどのように証明するか、あるいは論理的な証明でなくても、少なくとも多くの人が納得できる合理的な証拠をどのように提示するか、を考えなければなりません。つまり、「この論文では、こういうロジックで研究成果をアピールしよう、そのためにはこういう評価実験が必要だな」ということを、考えてみてください。実験結果を他の人に認めてもらうためには、科学的な手法を用いる必要があります。実験対象のデータに偏りがないことを示すこともその1つです。1つのデータセットを使ってシステムをチューニングしたら、別の（まだ見ていない）データセットを使って評価するのは実験の基本です。このようなデータセットを用意することは時には大変かもしれませんが、だからこそ、事前にどのような評価実験を行うかを考えておくことが大

切だとは思いませんか？　科学的な評価のテクニックはいろいろあ
ります。もし皆さんがよくわからなかったら、是非周りの先輩研究
員に聞いてみてください。

　実は、論文を始めに書く、という問題解決スタイルは、私はコン
サルティングの教育で習った。コンサルティングの世界では、**イ
シュー・ベースド・アプローチ**という。お客様の問題の本質（イ
シュー）はこれだ、という当たりをつけ、その仮説を検証するため
の証拠を集めていく、という形でコンサルティングを進める手法だ。
もし、その仮説が正しければ、無駄な寄り道をすることなく、最小
の努力でお客様の問題解決ができる。もちろん、調査を進めていく
と仮説が間違っていたとわかることもあるから、その場合は仮説を
修正していく。研究も同じで、論文という最終形態を常に意識して
いれば、やっていることに無駄がなくなる、という考え方だ。
　「締め切りに追われてバタバタ」タイプの研究者に贈る、もう１つ
のヒントは「締め切りを自主的に設定し宣言する」というやり方だ。
例えば「私は XX という国際会議に論文を投稿します」と周囲の人
に宣言する。他人から頼まれた仕事ではなく、自分で自主的に設定
した締め切りを宣言すると、少なくとも私の場合、どうしても言っ
たことを達成しなければならない、というモチベーションが働く。
実際、私は本書を書く際に、近代科学社の小山透さんに「原稿は
2019 年 8 月末までに仕上げます」と自分から申し上げた。そんなこ
とを言えば自分の首を絞めるだけなのはよく承知しているが、そう
やって自分を追い込むことで、締め切りに向けて火事場の馬鹿力を
発揮することができるのだ。
　研究者にはどうしても、より良い成果を出したい、という願望が
ある。大学などアカデミアの研究者ならば、じっくり時間をかけて

納得のいく成果を出すことが許されるかもしれないが、企業の研究者は常に限られた時間の中で成果を出さねばならない。自分としては完成度がまだ 8 割程度の成果を事業部やお客様に手渡すことには抵抗があるかもしれないが、そこには割切りも必要である。

2.4 研究の出口

　企業における研究は、究極的にはその会社になんらかの価値をもたらすものでなければならない。もちろん、良い研究というのの出口は 1 つではない。有名な学会で論文発表するのもよいし、論文の数は少なくても世界を変えるような製品のアイディアを出したり、お客様が抱える非常に難しい問題を解いて大きなビジネスに貢献したり、あるいは社内のビジネスプロセスを抜本的に改革するのでも、業界のリーダーシップとなるような標準を作るのでも、オープンソースに貢献するのでもよい。

2.4.1　技術移転

　研究成果を直接ビジネスに結びつけるには、その会社がどのようなビジネスを行っているかを知らねばならない。私が IBM に在籍していたとき、IBM の売上のほぼ半分はコンサルティング、システム開発、アウトソーシングなどのサービス・ビジネスだった。したがって、研究部門の貢献もサービスに対する貢献が強く求められた。キヤノンは複合機などの企業向け製品、あるいはカメラなどの個人向けの製品が主力のビジネスである。そのため、キヤノンにおける研究開発部門の貢献は、主に社内の製品開発・製造を行う事業部門に対してのものである。PFN は若い会社であり、トヨタやファナックなどのお客様と共同研究開発を行ったり、様々な戦略的パートナーと新しいビジネスモデルの立ち上げを模索したりしている。

自社内の事業部を含め、研究成果を使ってくれる主体をひっくるめて、ここでは**お客様**と呼ぶことにしよう。

　お客様が求めるのはほとんどの場合「ある命題が真であるかどうか」ではなく、「○○を自動化するシステム」、「生産性を向上させる生産プロセス」などお客様の問題を解決する仕組みを構築することである。したがって、企業における研究は最終的に工学の問題になる。

　2.2節で述べたように、工学の解は無限に存在する。どの解がよりお客様に高い価値を提供できるのか、それはお客様の価値観によって変化する。お客様が欲しいと言っているものと、お客様が本当に求めているものは異なる可能性があったり、お客様の中でも意見が統一されていないことはままあることだ。

　ソフトウェア工学では、お客様が何を求めているか、を把握する活動を以前は要求定義あるいは要求獲得と呼んでいた。最近では**要求開発**と呼ぶことが多い。お客様がどんなシステムを作りたいか、事前に知っていることは稀である。お客様が要求を既に持っているという前提ではなく、お客様と一緒に要求を作っていくことが、要求定義の本質だということがわかってきたからである。

　要求開発においては、お客様と対話を繰り返すことが最も重要である。もし、お客様のシステムが工場や販売店などの現場で使われるのであれば、現場を見せていただくこともやったほうがよい。最近は**デザイン思考**という考え方が普及しつつある。デザイン思考は「何を作るか」を決めるための方法論であり、理論というよりは、いくつものツール（あるいは方法論）が入っている道具箱、と考えるのがよい。この道具箱の中のツールの1つが**観察**である。お客様の問題を言語として語っていただく代わりに、お客様が実際に現場でどのように業務を行っているのかを見せていただくのである。現場の人が当り前で、わざわざ言語化する必要は無いと感じていること

は、お客様の要求定義に現れない。しかし、お客様の業務を知らない人から見れば「なぜ？」と思うことがたくさんある。このような「言語化されない要求」を見つけるためには、業務の現場を見せていただくのが一番である。

　デザイン思考のツールでもう1つ重要と思うのは、**プロトタイピング**である。お客様は最初はどのようなものがほしいか具体的に言えないかもしれない。でも、何か動くものを作って見せれば「これは違う」とか「もう少しこういうことはできないか」ということを言ってくださる。そのためには、できるだけ手間をかけないで、かつ具体的に動くものを作ってみせるのが一番だ。最近のソフトウェア開発では**アジャイル開発**という、短期間で動くシステムを作って要求開発をしていく、という方法が主流になりつつある。PFN の会社のミッションは「最新の技術を最短の時間でお客様に提供する」というものだ。そのためにも、プロトタイピングは欠かせない。

　最新の研究成果をお客様に届けるには、もう1つ、気をつけたいことがある。新しい技術でできること、できないことをお客様に正しく理解していただくことだ。最近では機械学習あるいは深層学習を用いたシステムを「人工知能」と呼ぶ風潮があるが、これは大変危険なことだと私は考えている。「人工知能」という言葉が「人のように考える機械」と安易に解釈され、お客様に過大な期待を抱かせることがあるからだ。深層学習は確かに偉大な技術だし、大きなポテンシャルを秘めている。今までできなかった多くのことが深層学習で可能になってきている。しかし、深層学習で人間と同レベルの知性、いわゆる**汎用人工知能**を作れるわけではない。お客様が「人工知能」という言葉を使ったとき、それをどのように解釈しているかを正しく判断し、今の技術でできること、できないことを正しく伝えるべきである。

　技術移転の例として、最近私自身が関わった PFN のプロジェク

トについて紹介しよう。データスタジアム社は、プロ野球やサッカーなどのスポーツのデータを収集し、それをメディアやスポーツチームに配信したり、その分析を提供することをビジネスの柱とする企業だ。2017 年に、博報堂 DY ホールディングス社と PFN は、データスタジアム社の持つデータと、PFN の機械学習技術を組み合わせて新しい価値を創造する、という目的の共同プロジェクトを立ち上げた。初期の PFN 側のチームは、画像処理の専門家、異常検知の専門家、それにビジネス開発担当者と私という構成だった。最初の数ヶ月は、どのようなシステムを作ればよいか、問題探索を行った。お客様の側からはどのようなスポーツデータ分析の課題があり、どのようなデータがあるかをご説明いただいたり、PFN からは最新の深層学習技術や、応用事例などを紹介して、可能なアイディアを探していった。また、データ取得・後処理の具体的な作業内容を観察させていただくため、実際にサッカーの試合を見に行ったり、データ作成・修正の現場を見せていただいた。問題探索の間、実際のデータに基づいたプロトタイプをいくつか作り、お客様に見ていただいた。

　このような要求開発のプロセスを経て、最終的にサッカーにおける分析に絞り込んだ。野球においては、ピッチャーが投げる、バッターが打つ、というように、試合の流れを個々のイベントを追うことで大方表現できるが、サッカーでは、プレーは常に動いているし、ボールを持っていない選手を含めピッチ上の 22 名の選手の一連の動き全体が、その状況の良し悪しを決めている。このような「多くの変数があり、その全体を同時に考慮することで推論を行う」というのは、深層学習ならではの分析になると期待されたからである。

　2018 年の秋、具体的な研究課題が決まったので、研究員をアサインして研究が始まった。今までもサッカーに関するデータ分析とされるものは多くある。ある選手が何本シュートを打ったか、試合中

何メートル走ったか、パスの成功確率はいくらか、などである。しかし、これらはボールに直接関与している選手に関する情報だけであり、ボールを持たない選手の分析はほとんど行われていない。深層学習には最適な応用分野のようだが、深層学習を使った分析の例もないようだった。チームは、深層学習のどのような手法を使ったらよいか仮説を立て、それらの仮説に優先順位をつけて次々と調べていった。最終的には良い手法が見つかり、その手法を組込んだ新しい製品が 2019 年に発表された。

　最初の打合せからほぼ 2 年で製品発表にこぎつけたわけだが、要求開発・仮説生成・仮説検証の各フェーズにおいて毎週お客様と打合せをして、現状の確認やお互いの意図のすり合せを行ったこと、その際技術を正しく伝えて、できること、できないことをお客様に理解していただけたことが、スムーズな技術移転につながったのではないかと思う。

2.4.2　間接的な貢献

　2012 年に画像認識の世界に衝撃が走った。画像認識技術の精度を競う ImageNet というコンテストで、トロント大学のヒントン教授らのチームがそれまでの精度を大幅に向上させてトップに躍り出たのだ。そこで初めて使われたのが深層学習である。それまで Preferred Infrastructure（PFI）という会社を、外部資本を入れずに自分たちの手で少しずつ成長させてきた西川徹と岡野原大輔は、この技術の可能性に賭けることにし、2014 年に新しい会社 PFN をスタートさせた。その間も、深層学習の技術はどんどん進んでいる。新生 PFN の研究者・エンジニアたちは、プレプリントサーバ arXiv[6] に次々に発表される論文を追試しては、それらの可能性を確かめていった。

　翌 2015 年の春、エンジニアの得居誠也は、その時点で多くの研究

者が使っていたツールが使いにくく、いろいろなアイディアの追試が困難であることに頭を痛めていた。深層ニューラルネットワークは計算グラフと見なせる。当時のツールは、専用に設計されたグラフ定義言語で計算グラフを記述し、それを実行するのが一般的であった。そのため、計算グラフの構造はプログラミング時に固定されている必要があった。得居は Python プログラムの実行過程そのものを計算グラフと見なせることに気づき、独立したグラフ定義言語を使うことなく、Python プログラムの中で計算グラフの構築と実行を同時に行なうというアイディアを考案した。これによって、計算グラフを与えられたデータによって動的に変化させることも可能になる（これを彼は "define-by-run" と呼んだ）。彼は、このアイディアの基幹部分をその年のゴールデンウィークの間に実装してしまった。これに、海野裕也・大野健太・奥田遼介の 3 名が加わって開発を加速し、Chainer という深層学習フレームワークができあがった。

Chainer は、計算グラフを動的に構成できるという意味で、画期的な技術であり、この先進的技術をどのように会社の価値に変えていくか、が議論された。PFN の製品やサービスの差別化要因として社内に留めておこうという考えと、オープンソースにすることで、PFN をこの分野のプレーヤーとして見えるようにしたほうがよい、という考えがあった。岡野原は、後者の判断を選択し、Chainer は、2015 年 6 月にオープンソースソフトウェアとして公開された。Google が TensorFlow をオープンソースとして公開する 5 ヶ月前のことである。

Chainer は、特に動的な計算グラフを必要とする全世界の研究者に広く使われ、知名度を上げていった。深層学習の国際会議に参加

---

6 学術論文誌や国際会議に投稿する前の論文原稿を広く配布するために用意されたインターネット上のサーバを **プレプリントサーバ** と呼ぶ。有名なのは https://arxiv.org/ である。

する研究者は、Preferred Networks という会社を知らなくても、Chainer を知っている、ということが当り前となった。このため、深層学習の研究開発を行っている全世界の研究者から応募が来るようになった。技術力で差別化する PFN にとって、優秀な研究者を惹きつけることは死活問題である。Chainer をオープンソースにしようという岡野原の判断は、その意味で正解だったといえよう。

2.4.3 「研究をまとめる」こと

IBM、キヤノン、PFN と組織風土が異なる３つの研究組織を経験して私が感じることは、企業の研究者に「自分の研究をまとめる」という習慣があまりないことだ。**研究をまとめる**とは、自分のやった研究の結果得られた知見を他人にもわかるようにして、それが何らかの形で次に繋がる土台にすることだ。それが論文の形であっても、あるいは製品の形であっても、はたまた標準化やオープンソースの形であったとしても、かまわない。そのためには、皆さんの研究成果が、どのような条件のもとで効果があるのか、今までできなくて今回できるようになったことは何なのか、残っている問題は何なのか、などを明確にしなければならない。必ずしも論文を書くことにこだわらないが、論文というのは、形式上このような項目を含んでいて、しかも読み手にわかりやすいように客観的に書かなければならないから、論文を書くことによって自然と、このような「まとめる力」がついてくるはずだ。また、まとめることによって、自分の研究を振り返り、「次回からはこうしよう」という向上が生まれる。私が博士号の取得を奨励しているのも、まさにこの「まとめる力」が理由である。博士論文を書くには個々の研究プロジェクトだけではなく、ある程度継続した数年間の研究を大きなパースペクティブでまとめることが求められる。だから、博士号を持っている人にはこの「まとめる力」があるのだと思う。研究は、コストと時

間をかけて行うものである。「やりっぱなし」にならないよう、気を
つけたいものだ。

この章のまとめ

- 研究は入口、本体、出口の3ステップからなる。
- 良い問題を選ぶことが良い研究の第1である。問題とアプローチに関する研究のセンス（テイスト）を磨こう。
- 問題解決の手法を身につけよう。
- 科学的な推論方法、特に統計的な推論方法に慣れよう。
- 改善タイプの研究では、ベースラインと上界を明らかにしよう。
- 研究成果のアピールの仕方を事前によく考えよう。
- 研究成果を受け入れられるよう、お客様との対話を積極的に行おう。
- 研究をまとめる力をつけよう。やりっぱなしではいけない。

第 3 章

コミュニケーション

Research That Matters

前章で、研究力において研究を提案する力、また研究成果をインパクトに結びつける力の重要性をお話した。上司や事業部に研究の提案を採用してもらうにせよ、お客様や商品開発部に研究成果を買ってもらうにせよ、相手あってのことである。いくら良いアイディアや研究成果でも、相手に理解されない限り買ってはもらえない。また、論文執筆や学会発表もコミュニケーションの一形態である。さらには、研究を進めていく上で、他の研究者や、分野外の人たちとのディスカッションも大切になるだろう。だから、コミュニケーションがうまいことは、研究者にとって重要な能力の1つである。私も、自分自身のコミュニケーション能力を向上させようとして、常々努力してきたつもりである。

　この章では、様々な形態において、研究者に役立つコミュニケーション術を見ていくことにする。

3.1 論文を書く

　研究者にとって論文を書くことは重要な仕事の一部である。論文は必ずしも学会の口頭発表や論文誌掲載の形を取らなくてもよい。企業によっては、研究成果を外部に公表することを奨励していないところもある。しかし、たとえ外部の学会で発表しなくても自分の研究成果をまとめ、論文の形で残していくことには計り知れない価値がある。だが、意外とこの「論文を書く」という習慣がついていない研究者が多いのも現実であろう。論文を書くことの重要性は繰り返し発信してきたつもりだが、私の考えは2009年1月に出した次のレターによくまとめられている。

なぜ論文を書くか

　　研究者はなぜ論文を書くのでしょうか？　「博士号を取るため」
という極めて世俗的な理由を挙げる人もいますが、それでは博士号
を取得して本格的な研究者と認められてから論文を書く理由にはな
りません。いろいろな意見があるでしょうが、私には論文を書くた
めの理由が少なくとも３つあると思います。

　　第１は、研究の成果を他の人に伝え、また蓄積することです。前
にも言ったと思いますが、研究は積み重ねです。中には、まったく
ゼロから始めた研究もあるかもしれませんが、事実上すべての研究
は先行研究を発展させてできるものです。ときどき、ある程度研究
の成果が出てから、さて論文を書こうという段になって先行研究を
調査し、無理やり先行研究の弱点を探して自分の論文のユニークネ
スにしようとする人がいます（実は私も若い頃ずいぶんそういうこ
とをしました）。これは、もちろん間違った態度です。事前に先行研
究をよく調べ、それを発展させる形で研究を行い、その知見を研究
コミュニティにフィードバックする、そのようなやり方で、その分
野全体の科学技術が進歩していくのです。

　　同じことが、会社の中における知識の蓄積についても言えます。
皆さんの研究成果は、必ずしも製品やサービスとして世の中に出て
いくとは限りません。ビジネスや環境によって、良い技術も日の目
を見ることがないことだってあるでしょう。でも、せっかくの良い
アイディアが散逸してしまったら惜しくないですか？　私自身、「こ
れはいける！」と思ったアイディアがいくつもありました。制約伝
播アルゴリズムを使った自然言語の解析法、Web サービス上で公平
なトランザクションを行うプロトコル、DTD をうまく使った XML
の圧縮法、複数の生体認証を組合わせて認証精度を飛躍的に上げる

方法、などなどです。どれも製品やサービスにはなりませんでしたが、それらのうちいくつかは論文の形で世に出て、他の人が研究を発展させてくれています。しかし、多くはきちんとした形の文書を残すことをサボっていたため、今では散逸してしまっています。たとえ、あるお客様の問題にぴったりのアイディアが過去にあったとしても、それを発掘するのは容易でありません。また、最近こんなこともありました。「XML 文書を暗号化する」という特許が米国で出願されたそうです。私たちは過去の自分たちの記録を調べて、その時点で既に XML 文書暗号化の技術を公開していたことを指摘しました。必ずしも論文に限りませんが、自分たちの研究を文書化して残すことの重要性を示す良い例だと思います。

　私は仕事柄、いろいろな研究所のマネジメントの方と交流があります。その中で気がついたのですが、企業の研究所の中には実は、製品への技術貢献を重要視するあまり、論文執筆にはあまり注意を払っていないところもあるのです。そのような方の 1 人がある時おっしゃいました。「研究テーマがすべてタイムリーに製品開発につながるわけではない。直近の製品開発につながらない多くの研究成果は、散逸してしまって価値を生んでいない。どうしたらよいのだろう。」論文執筆には、このように知識の蓄積という大きな目的があるのだと思います。

　第 2 に、これは会社や組織の都合が大きいかと思いますが、社会に対して最先端の研究を行っているというメッセージを発信できることです。良い論文が出てくる研究所には良い人が集まりますよね？　それによって、研究所の名声が高まりますし、ひいてはお客様から見た会社のイメージも高まります。またこれは、論文を書く個人についても言えることで、ワールドクラスの研究者としての評価が高まることでしょう。

　第 3 には、私は皆さん自身にとってこれが一番大切なことだと思

うのですが、何よりも皆さん自身の研究力をつけるために論文を書くべきだと思うのです。以前のレターでも書きましたが、研究力をつけるためには、「この研究の成果が得られたらどのような論文を書くか」を自分の研究を始める前に、考えてみる、というのが有効だと思います。論文は、研究の成果を客観的、論理的、科学的に主張するための手段です。ですから、研究の目的、スコープ、手法、成果の検証方法、先行研究など、論文を構成するための基本要素が決められています。それらの要素を、どのように最終的な論文で主張するかを考えながら研究計画を立てるのがよいと思います。

また、論文を書くことによって、自分の研究について周りの人の意見をもらい、研究の質を高めることもできます。私がよく言うことですが、論文がたとえ採択されなくても、少なくともその分野の専門家が査読してコメントをくれるわけです。しかも無料です。国際会議や研究集会で発表すればもちろんその場で、あるいは後でいろいろなコメントをもらえるでしょう。また、論文の質を高めるために、投稿前にグループ内でピアレビューをすることも大変良いことだと思います。

論文は一度書けば多くの人が読んでくれる。また、今は読んでもらえなくても、将来忘れたころに読まれる可能性もある。一言でいえば、論文とは時間と空間を超えて研究をスケールさせるコミュニケーションツールと言えるのではないだろうか。

3.1.1　論文のタイプと構成

論文は「今まで知られていなかったことを広く伝える」ものでなければならない。私の見るところ、論文にはその主張によって、事実に関する論文、法則に関する論文、方法に関する論文の3つのタ

イプがあり、それぞれのタイプによって効果的な書き方が異なる。

事実に関する論文とは、特定の現象が観測されたこと、あるいは特定の実験によってある結果が得られたこと、など事実を示すものである。もちろん、この「事実」は、それが明らかになることによって新たな知見が得られるものでなければならない。典型的には、囲碁の世界チャンピオンを破った AlphaGo の研究だろう。この研究は「こういうシステムを作り、こういう実験をしたらこうなりました」という事実を報告しているだけで、何か特定の法則を主張しているわけでも、ある問題領域一般に適用できる方法論を示しているわけでもない。それでも、大きなインパクトがある研究であったことは間違いないだろう。

事実に関する論文では、主張する事実が、研究コミュニティから「え、そんなことがあるのか！」と驚きをもって迎えられるものである必要がある。事実に関する論文でも価値の低い論文は「ヤッコウ論文」と揶揄されたりする。「やってみました、こうなりました」ということを述べているだけで、その内容に驚きがなければ、その論文の価値は低い。AlphaGo の論文は確かに「やってみました、こうなりました」という内容なのだが、その結果に皆が驚いたために、よい論文となっているのである。

どのような論文においても、その主張が第三者によって検証可能であることが求められる。おわかりのように、事実に関する論文においては**再現性**が特に重要である。「STAP 細胞が見つかりました」という論文は、再現に失敗し取り下げとなった。再現性を担保するためには、その観察もしくは実験結果が得られた状況を誰でも再現可能なように、論文の中でできるだけ詳しく記述する必要がある。

法則に関する論文とは、ある事象 X と別の事象 Y との間に普遍的に成り立つ関係を主張するものである。たとえばニュートンの万有引力の法則は 2 つの物体の質量とその間に働く重力の関係を主張

している。法則が成立することを主張するための推論の道具立てとしては、2.2 節で述べたように、多くのデータから帰納的（統計的）に法則を導くやり方と、既に真だと認められている法則から演繹的に導き出すやり方とがある。法則に関する論文では、2.2 節で述べたような、科学的に認められた推論プロトコルに基づいてその論拠を示す必要がある。

　方法に関する論文とは、特定の問題領域において、所与の目的を達成するための方法を示したものである。たとえば線形計画法を提案した論文は、線形の制約と線形の目的関数を持つ最適化問題を解くためのアルゴリズムを示したものである。

　方法に関する研究においては、提案された方法が、問題領域に属する任意の問題に対して、与えられた目的を達成できることを、実験や証明によって論理的に示す必要がある。多くの場合、この「問題領域」の設定が曲者である。1 本の論文で普遍的な問題が解けることは稀なので、必然、問題領域を絞ることになる。しかし、あまり絞りすぎても、実用上意味のない設定に見えてしまう。ここで重要なのは、その問題領域に入る 1 つの具体的かつ実用的に意味がある例をあげることである。このような例を **motivating example** と呼ぶ。良い motivating example を持つ論文は意図が伝わりやすく、読みやすい。もし可能ならば、問題領域の説明だけでなく、手法の説明にも同じ motivating example を使って、論文全体をその例を中心に構成することも可能である。このような例を **running example** と呼ぶ。

　コミュニケーションにおいては、相手が誰か、ということを常に意識する必要があるが、論文の場合も同様である。論文の場合は特に、浅い読者と深い読者がいることに留意すべきだろう。**浅い読者**とは、その論文が主張したいことは何かを短い時間で理解することに興味があり、多くの場合アブストラクトと序章、それに図表をよ

く読むが、主張を証明する議論に関しては深い理解を求めない。一方、**深い読者**は、実験を追試したり証明を追ったりして、論文の主張が正しいかどうかを丹念に検証する。査読者は深い読者であり、論文を投稿する際には、まず深い読者を想定し正しいプロトコルに従った正確な記述に注力すべきである。めでたく論文が採択された後は、多くの浅い読者の目に触れることを考え、わかりやすさを向上させることに、より注力すべきだろう。

　良い論文を書くには、良い論文をたくさん読むとよい、ということをよく聞く。私もそう思う。STAP 細胞が話題になったときに、渦中の研究者の一人である理研の笹井芳樹博士は、論文執筆の天才だということを聞いて、笹井氏の論文を読んでみた。私には生物学はまったく素人なので当然浅い読者ではあるが、彼の論文は無駄のない、力強い文章で書かれていると感じた。論文執筆に慣れていない人は、研究でやったことをすべて論文に詰め込む傾向にある。しかし、その論文の主張に直接関係ない事柄を詰め込むことは、論文の主張そのものを弱くしてしまう。論文フォーマットの最大ページ数まで埋めつくす必要はない。できるだけ簡潔な文章で書くのが良い論文なのだと思う。

　ところで、論文を書き始めても、参考文献を調べるうちに関係のないネットサーフィンを始めてしまったり、途中で Slack のメッセージが入ってきて別の仕事をしなければならなくなったり、なかなか集中できないこともあるだろう。そのような場合に役立つ方法として、**ポモドーロ法**を伝授しよう。これは、自分の時間を 30 分単位に区切って、25 分間はメールも Slack も他のことはまったくやらずに論文執筆に集中するやり方だ。残りの 5 分で、緊急のメールを処理したり、コーヒーを淹れたりし、また次の 25 分は集中する。ポモドーロとは、イタリア語でトマトのことで、もともとはトマトの形をしたキッチンタイマーのことを指していた。今では、スマート

フォンで動くポモドーロ法アプリがいくつもあるので、それらを試してみてはいかがだろうか。

3.1.2　英語論文を書く

　論文はまた、英語で書くことも多いだろう。分野によってはそもそも国内の学会でさえ、すべて英語論文であるところもある。日本人にとってみれば、母国語でない英語で論文を書くのは大変だろうが、3.5 節で述べるように国際コミュニティの中で存在感を出していくためには、英語の論文を書くことは避けては通れない。英語の論文を書くときに気をつけるべきことは何だろうか？　それは、一にも二にも論旨を明確にすることである。これは別に英語の論文に限ることではないが、言語のハンディがある分だけ、より論旨を明確にすることが重要である。論旨を明確にするためにできることとして、私が気をつけているのは 2 点である。

　1 つは、常に結論を先に書くことである。我々が論文を書くと、どうしても背景や前提条件を長々と書いてしまいがちである。結論を先に書くと、引き締まった文章になる。これは文章の組立て全体についてもいえるし、1 つの文の中でも成り立つ考え方である。たとえば、"Because of Y, X is ..." という文を書いたとしよう。結論を先にして、"X is ... because of Y" のような形にできないだろうか？

　もう 1 つは、日本人の英語論文に多くなりがちな、"But," "In addition," "For example," などの文頭の接続詞の使用をできるだけ避けてみることである。これには異論もあることだろう。接続詞は文章の組立てを明示し、読み手が読みやすくなるようにする働きがあるからだ。しかし、接続詞を使わなくても、論旨の組立てがしっかりしていれば、内容から「これは対比なのだな」とか「これは例示だな」ということが自明となる。必ずしも接続詞を全廃する必要はないが、まずは内容だけで論旨の組立てがわかる程度に文章を組

み立てておいて、その上で必要に応じて接続詞を補う、という程度でよいのではないか。

ずいぶん前のことであるが、数学のノーベル賞といわれるフィールズ賞の受賞者である広中平祐先生が東京基礎研究所に来て講演をしてくださったことがあった。そこで広中先生がおっしゃったことで、1つだけ覚えていることがある。それは、<u>どんなくだらない論文でも、たくさん論文の出てくる研究所から、創造的な仕事が生まれてくる</u>ということであった。この言葉は私に鮮烈な印象を与えた。それ以来、「ちょっとアイディアが半端」とか「手法の有効性がまだ証明できない」というような論文でも、また、どんなマイナーな学会でも、積極的に論文を投稿しようと、（少なくとも気持ちの上では）心がけていたし、周りの研究員にも、ずっとそのように言ってきたつもりである。

論文を投稿すると、査読を経て論文誌（あるいは国際会議のプロシーディングス）に掲載される。競争の激しい分野では、論文の採択率が30％を切るところもある。たまたま担当した査読者が、意見の違う人だったり、内容を誤解していたり、あるいは、同じアイディアが直前に他の論文で発表されてしまうかもしれない。したがって、論文が不採択になっても悲観する必要はない。不採択になっても、必ず査読者、すなわちその分野のエキスパートからのコメントがもらえる。それらを改善して、また次の会議・論文誌にチャレンジすればよいのだ。もし、あなたの論文が最近続けざまに採択されているのであれば、それは注意信号である。十分に難しいトップジャーナル、トップコンファレンスに挑戦していない、ということかもしれないからだ。論文は落ちて当り前、継続的にどんどん投稿するのが優れた研究者の姿だと思う。

3.2 プレゼンテーションする

　学会での論文発表をはじめ、お客様や社内他部門に対してなど、私たちはあちこちでプレゼンテーションを行う。プレゼンテーションはコミュニケーションの一形態であり、発表者の考えることが正しく聞き手に伝わることが重要だ。良いプレゼンテーションというのはとても奥が深いテーマだと思うが、自分の思うところを 2008 年 8 月のレターで東京基礎研究所の研究員に伝えた。

Letter

良いプレゼンテーション

　プレゼンテーションの一番のポイントはやはり、簡潔に、わかりやすく、ということなのではないでしょうか？　日本 IBM 最高顧問（当時）の北城恪太郎さんは常に「話のポイントは 3 つ以内」とおっしゃっているそうです。最近読んだ『プレジデント』という雑誌には「年収 2000 万のプレゼン術」という特集がありました。そこでは、いろいろな企業のトップの方がプレゼンテーションの際にどのようなことに気をつけているかが書かれています。たとえば、トヨタ自動車の渡辺社長はトヨタ自動車における「A4 1 枚主義」を説いています。とにかく、伝えたい内容を A4 1 枚の中にまとめる、その過程で考え方が整理されてくるはずだ、ということのようです。同様に、キヤノン MJ の村瀬社長は「主張は 5 行で」とおっしゃっています。プレゼンを聞く方は、お客様かもしれませんし、提案書の審査をする事業部の人かもしれません。いずれにせよ、大変忙しい時間を割いてくださって話を聞いていただくのですから、一番大事なことを先に述べるのがよいのでしょう。その意味で、ソフトバンクの孫社長のおっしゃっている、プレゼンは「最初の 10 秒でつ

かめなければだめ」というのは当たっているのかもしれません。最初の一言で相手の興味を引き込む、これができればプレゼンは成功したと言っていいでしょう。

　私が会社に入って受けたプレゼンテーションの研修の中で、一番頭に残っていることは、「聴衆の興味をスクリーンでなく、あなた自身に向けるようにしなさい」ということです。つまり、内容よりも人を売り込め、ということです。同じ『プレジデント』の特集の中では、伊藤忠商事の小林社長が、プレゼンテーションを聞く際には、「書類よりその人間の熱意・本気度」を見る、ということをおっしゃっています。プレゼンテーションは、究極的には、聞き手に対して "こうしてほしい" という行動を取ってもらわなくてはなりません。そのためには、プレゼンテーションの内容を理解し、それが確かに良い方法だ、ということを納得してもらわなければなりません。しかし、30 分のプレゼンテーションで、聞き手の考え方をそう簡単に変えられるものでしょうか？　もし簡単に変えられないのだとしたら、聞き手に対して「こいつの言うことならば信じてもいいな」と思わせることが、ベストなのではないでしょうか？　その意味で、プレゼンテーションにおいては、内容が簡潔でわかりやすいこと以上に、「発表者自身が情熱を持ってその内容を信じていること」がとても大切なのだと思います。

　このレターは 10 年以上前に書いたものだが、プレゼンテーションは内容よりも人を売り込むものだ、という信念は今も変わらない。そもそもコミュニケーションで伝えたいものには 2 種類ある。**印象**と論理的な**内容**だ。残念なことではあるが、プレゼンテーションで主に伝わるのは印象であって、内容ではない。プレゼンテーションの後、聴衆の方が「大変面白かったです」と言ってくださることが

あるが、よく話を聞いてみると、プレゼンテーションの論理的な内容についてはほとんど理解されていないことに気づいてがっかりすることがある。考えてみればそれは当然のことで、音声や画像のメディアは、論理的な内容を伝えるのには向いていないのだ。数学の授業が黒板で行われていることからもわかるように、論理的な内容を理解するためには、自分で紙と鉛筆を使って論理を追ってみる必要がある。30 分やそこらのプレゼンテーションで、内容まで理解してもらうのは残念ながら不可能なのだ。

だから、私はプレゼンテーションは文書と組み合わせることが理想だと信じている。学術会議における論文発表は、まさにこの理想形態といえる。プレゼンテーションでは「この研究は面白そうだぞ」という印象を伝え、内容については論文を読んでもらうという、プレゼンテーションと文書の両輪がうまく働く形態である。私は論文発表ではない一般の講演を依頼されることがよくあるが、その場合でも、できるだけプレゼンテーションとは別に、内容を文書にしたものを配布しようと努力している。プレゼンテーションと文書の双方を同時に準備するのは大変だから、必ずしもいつも実現できているわけではないが、印象と内容の区別は意識するようにしている。

3.2.1　文書性のあるスライド

もし、どうしても 1 回の準備で、印象と内容を同時に伝える必要があるのなら、文書性のあるスライドを作らなければならない。最近ではスライドを共有するサービス[7]が普及しているので、「これは面白いな」という印象をもったプレゼンテーションについて、内容を理解するためにスライドを見直すことも多いだろう。文書性のあるスライドとは、プレゼンテーションを聞かなくてもそれを読めば

---

[7]　スライドシェア（https://www.slideshare.net/）など。

内容を正しく追うことができるものだ。

　私が IBM コンサルティンググループに所属していたときには、文書性のあるスライドを作ることが必須とされていた。コンサルタントはコストが時間で測られる職種なので、お客様に提案する同じ内容を、スライドと文書に分けてそれぞれ準備する贅沢は許されない。そのため、プレゼンテーションを聞かなくても"読めばわかる"スライドを作ることが要請されていた。そのための 1 つのテクニックが、「Vertical Logic、Horizontal Logic」という考え方である。

　スライドの各ページは、それぞれキーとなるメッセージ（**ボトムラインと呼ぶ**）を含んでいるはずだ。**Vertical Logic** とは、「ボトムラインを 1〜3 行の文で表現し、タイトルに書き、そのページにはタイトル（ボトムライン）をサポートする必要十分な情報だけを書く」という意味である。文で書く、というやり方をすると、どうしてもそのページでいいたいことを明確にせざるをえない。例えば、悪い例として私が 2002 年に作った次のスライド（図 5）を見てほしい。

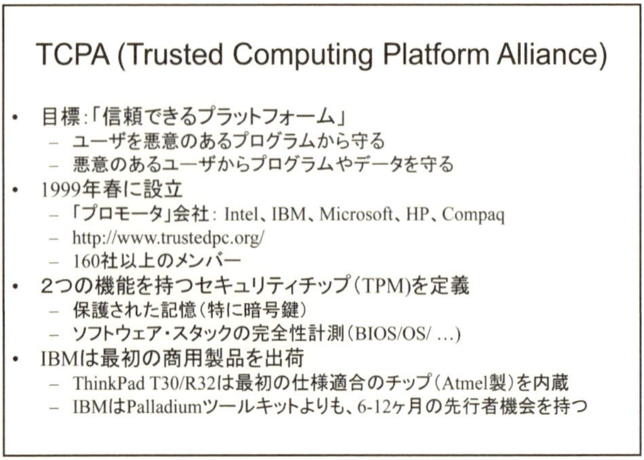

TCPA (Trusted Computing Platform Alliance)

- 目標：「信頼できるプラットフォーム」
  - ユーザを悪意のあるプログラムから守る
  - 悪意のあるユーザからプログラムやデータを守る
- 1999年春に設立
  - 「プロモータ」会社：Intel、IBM、Microsoft、HP、Compaq
  - http://www.trustedpc.org/
  - 160社以上のメンバー
- 2つの機能を持つセキュリティチップ（TPM）を定義
  - 保護された記憶（特に暗号鍵）
  - ソフトウェア・スタックの完全性計測（BIOS/OS/ ...）
- IBMは最初の商用製品を出荷
  - ThinkPad T30/R32は最初の仕様適合のチップ（Atmel製）を内蔵
  - IBMはPalladiumツールキットよりも、6-12ケ月の先行者機会を持つ

図 5.　文書性の良くないスライドの例

このスライドで、私は何を言いたかったのか？　当時の私だったら、「TCPA について」だと主張したことだろう。だが、それではメッセージになっていない。メッセージになっているかを一番簡単に判断するのは、それを動詞を含んだ文の形で表現することだ。例えば、「TCPA は "Trusted Platform" という新しい概念を提唱し、TPM というチップを通して実現している」とか、「最初の商用製品を供給したことで、IBM は他社に対して優位性を持つ」のように。このようにすれば、ボトムラインがはっきりする。つまり、この例では、2 つの主張が 1 ページに入っているので、それらを図 6 のように 2 ページに分ければよいのだ。

このとき気をつけなければならないのは、ページの内容がそのタイトルを必要十分にサポートしているか、ということである。「最初の商用製品を供給したことで、IBM は他社に対して優位性を持つ」がボトムラインメッセージならば、このページの中の最初の 3 つの項目はその主張をサポートする情報になっていない。ボトムラインと関係ない情報が入ると、聞き手はボトムラインに対する印象が薄まってしまう。私たちはスライドにいろいろな情報を詰め込みがちだが、1 ページの中で言いたいことは 1 つに絞って、その内容だけにフォーカスする、というのがこの Vertical Logic の考え方である。

では、これらのページを組合わせた、プレゼンテーション全体の構成はどうしたら良いのか？　ここでも、ページのタイトルを文にしたことが活きてくる。要は、スライドのタイトルを 1 ページ目から順に読んでいって、全体として首尾一貫していればよいわけだ。これを **Horizontal Logic** と呼ぶ。スライドをこのような形でまとめておけば、たとえば聞き手がプレゼンテーションを聞き損っても、スライドを見るだけで論理の流れを追うことができる。

残念ながら、文書性のあるスライドは同時に、文字が多いスライドであり、効果的に印象を伝えるスライドにはなりえない。ガー・

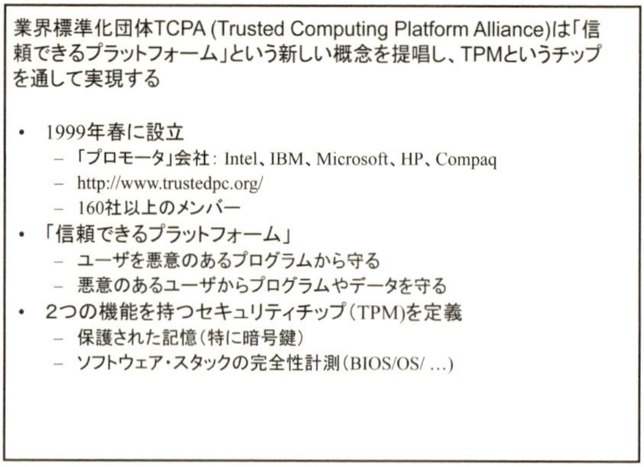

業界標準化団体TCPA (Trusted Computing Platform Alliance)は「信頼できるプラットフォーム」という新しい概念を提唱し、TPMというチップを通して実現する

- 1999年春に設立
  - 「プロモータ」会社：Intel、IBM、Microsoft、HP、Compaq
  - http://www.trustedpc.org/
  - 160社以上のメンバー
- 「信頼できるプラットフォーム」
  - ユーザを悪意のあるプログラムから守る
  - 悪意のあるユーザからプログラムやデータを守る
- 2つの機能を持つセキュリティチップ（TPM）を定義
  - 保護された記憶（特に暗号鍵）
  - ソフトウェア・スタックの完全性計測（BIOS/OS/ ...）

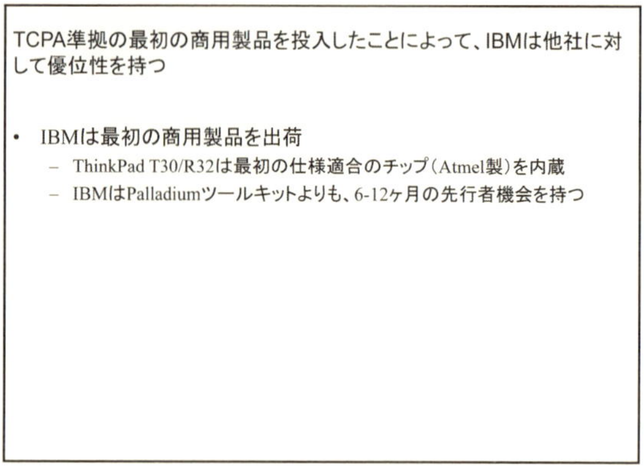

TCPA準拠の最初の商用製品を投入したことによって、IBMは他社に対して優位性を持つ

- IBMは最初の商用製品を出荷
  - ThinkPad T30/R32は最初の仕様適合のチップ（Atmel製）を内蔵
  - IBMはPalladiumツールキットよりも、6-12ヶ月の先行者機会を持つ

図 6. Vertical Logic / Horizontal Logic を考慮したスライドの例

レイノルズの著書『プレゼンテーション zen』[8] はそのことを端的に表している。今では私は、スライドに文書性を求めることは、そもそも間違いだと認識している。だから、最近では Vertical Logic/Horizontal Logic に基づくスライドを作ることはしていない。もし、どうしてもスライドに文書性を求めるのであれば、スライドのスピーカーノートに、それを読めばプレゼンテーションを聞

かなくてもわかるだけの文章を付け加えるべきだ[8]。印象と内容はそれぞれ別の伝え方があるのであり、一緒くたにしてはならない。

3.2.2 練習、練習、練習

　内容は別添の文書で伝えるとして、印象を効果的に伝えるにはどのようにしたらよいだろうか。一番重要なのは、とにかく練習をすることだと思う。あなたの 1 時間のプレゼンテーションを 30 人の社員が聞くとすれば、あなたは合計 30 時間・人のコストを消費していることになる。社員 1 人 1 時間当たりのコストを 1 万円とすれば、あなたのプレゼンテーションは、会社にとって少なくとも 30 万円の価値を提供するものでなければならない。もし準備不足で効果的に伝わらなかったとすれば、あなたはそれだけのコストを無駄にしたことになる。だから、準備万端でプレゼンテーションに臨むことはあなたの責務である。スライドを準備しただけでは、準備のごく一部にしかならない。本当の準備とは、プレゼンテーションの練習である。印象的なプレゼンテーションで知られるスティーブ・ジョブズは、何度も何度も声に出して練習を繰り返したそうだ。練習してみると、自分の考えがうまくまとまっていないところでは、どうしても口ごもりがちになる。スムーズに言葉が出てこない、ということは、構成にまだ改善の余地があるということである。練習の際、1 人で声に出してするのがやりにくければ、誰かに聞いてもらうのがよい。その誰かは、家族でもよいし、ぬいぐるみでもよい。聴衆がそこにいると想定した上で練習することが重要なのだ。

　良いプレゼンテーションの例を知りたければ、TED Talk を聞い

---

[8]　私の 2019 年の人工知能学会における招待講演のスライドを見てほしい。(https://www.slideshare.net/hiroshimaruyama14/jsai-162894400) 英語ではあるが、スピーカーノートを読めば、プレゼンテーションを聞かなくても理解できるように文書性を持たせたつもりである。

てみるとよい。TED Talk はなぜ心に響くのだろうか。TED の講演者が決まると、TED の主催者（キュレーター）であるクリス・アンダーソンは時間をかけて、その講演者と一緒に内容を練り上げていくという。さらに、講演者は何度も練習を重ね、あれだけ心を打つプレゼンテーションができるようになるのだ。TED のクォリティは、目標にしたいものである。

3.2.3　質疑応答

　プレゼンテーションの終わりには、多くの場合質疑応答がある。学会発表で質疑応答を苦手にしている人は多いようで、特に英語での発表ならなおさらだ。質疑応答の時に、私が気をつけていることをお伝えしよう。

　それは、まず質問者に感謝した上で、質問を繰り返すことだ。"Thank you for a very good question. The question was …" のように、質問者への感謝を述べ、それから聴衆全体に対して「質問の内容はこうです」と繰り返す。これには2つの意味がある。1つは、質問者の声が必ずしも会場全体に聞こえているとは限らないので、聴衆全体に質問内容を知らせることだ。もう1つは、質問を繰り返す際に、質問を自分の土俵に引っ張りこむことである。繰り返しは、質問の内容をオウム返しにする必要はない。「今の質問を私はこのように解釈しました」ということを伝えられればよい。時には、長々と自説を述べ、質問の趣旨がわからなかったり、訛りの強い英語で何を言っているのかよくわからない場合もあるだろう。そのような場合でも、質問の中に1つでもわかるキーワードがあれば「質問はXX に関するものです」と述べ、それに関する自説を述べればよい。大事なのは、質問を聞くときは質問者本人に集中し、その繰返しのときには質問者からアイコンタクトを外し聴衆全体に対して語りかけることである。こうすることによって、質疑応答を、単なる質問

者への回答ではなく聴衆全体に対してメリットのある議論にしよう、という姿勢が見えて、好感が持てるものになる。

　質疑応答は、その分野における研究者の様々な意見が聞けるという意味で、とても貴重な時間である。質疑応答に自信がないからと言って、プレゼンテーションで時間一杯を使ってしまうのは、いかにももったいない。できるだけ質疑応答に時間を残し、有用な時間にしよう。

3.3 議論する

　それぞれの研究室が独立した研究テーマを持つ大学とは異なり、企業での研究は、チームで行うのが常だ。さらに、研究成果を期待している事業部とのやりとりや、自分たちの研究に必要な、他チームの技術とのすり合わせもある。したがって、研究の遂行には社内でのコミュニケーションが欠かせない。会議、オンラインのやり取りなど、様々な社内コミュニケーションの形態について考えてみよう。

3.3.1　会議

　組織の文化は、会議のやり方によく現れると思う。私が所属した組織で言えば、IBM は良く言えばフレキシブル、悪く言えばルーズな文化だったと思う。会議に遅刻する人や無断欠席する人も多かったし、会議の結論が出ていなくても「私は次の会議があるから」と言って退席するのも当り前だった。その一方で、重要なことは口角泡を飛ばして存分に議論する、という風潮もあった。キヤノンでは会議はもっと良くオーガナイズされていて、出席者やアジェンダがしっかり決まっていた（私が出席する会議では、会議室の中の着席位置も決まっていた）。何より会議が時間通りに始まるのが、私には

快適だった。会議で人を待たせることは、その人の時間を無駄にしたことになる。だから、会議に遅刻することは、他の人の時間に対するリスペクトがないことに相当する。

文部科学省の一部であったころの文化を色濃く引き継いでいる統計数理研究所では、教授会の資料は事務の方が事前に用意し、分厚い紙の束が自分に指定された席の机の上に置かれていた。個々の審議項目に何分かけるかも厳密に予定されていて、粛々と会議が進行し、何か実質的な議論が起きることは稀だった。何を非効率な、と思われるかもしれないが、官公庁がこのような会議のスタイルを踏襲していることには、歴史的な意義がある。近代のヨーロッパにおいて、独裁政治が次々に倒れて民主主義の世界になると、ふたたび独裁政治を産まないように、「特定の誰かの指示によってではなく、『関係者全員で決めた文書』に基づいて意思決定を行うという原則」を実現する仕組みが必要になった。それが**文書主義**であり、あらゆる意思決定を文書に基づいて行う[9]。

スタートアップ企業である PFN の会議はまったく違う。紙の資料は（少なくとも社内の打合せでは）ゼロである。全員がパソコンを持って会議室に集まり、パソコンの画面で Google Docs 上にリアルタイムで作られていく議事録を見ながら会議をする。意思決定はその場で行われ、直ちに実行される。会議中は皆画面を見ているから、会議中に他の人の顔を見ることはあまりない。対面での会議では、アイコンタクトが重要だと教えられてきた私には、初めのうち相当抵抗があったが、これはこれで意味のあるスタイルだと思う。

組織によっていろいろなスタイルがあり、それぞれに一長一短があるのだと思うが、Google のサイト re:work [10] では、組織をうまく

---

[9]　私が文書主義について学んだのは、経済産業省のキャリア官僚だった宇佐美典也さんの著書 [9] からである。

[10]　https://rework.withgoogle.com/jp/

運営していくための様々なヒントを公開していて参考になる。その
うちで、私が特に会議で大切だと思うのは、皆が**心理的安全性**を感
じることだ。心理的安全性とは、自分が馬鹿なことを言っても許さ
れる、という安心感のことである[11]。自分の発言が"この場にふさ
わしいか"と悩んで、結局発言しなかったことがないだろうか。皆
がわかっていて、自分だけわからないことがあって、それを改めて
聞けない、ということがないだろうか。今これを言ったら"空気読
めないヤツ"と思われないだろうか。もし会議で少しでもそういう
ことを感じるのであれば、その会議には心理的安全性が欠如してい
るということになる。

　会議における心理的安全性のために私が心がけていることの1つ
は、**全員参加の原則**だ。会議中、まだ一度も発言していない参加者
がいたら、その人に発言を促すべきだ。自分がモデレータでなくて
も「この件に関して、XX さんはどう思われますか？」のような発
言は許されるだろう。会議が対面で行われる場合には、参加者の**非
言語シグナル**、例えば頷きとか、顔をしかめるとか、そわそわする
とか、急に顔を上げるとかに注意を払うとよい。このような非言語
シグナルは、その人が議論の流れに関して何かしらの考えを持って
いることを示す。

　会議とは、つまるところ、異なる考えを持つ人たちの間で、意見
交換を行い、場合によっては意思決定を行う場である。もし、皆が
もともと同じ考えを持つのであれば、会議は要らない。だから出席
者の「考えの違い」がどこにあるかを明らかにすることが、意味の
ある会議の第一歩である。もし、出席者が自分の考えを述べること
ができないのであれば、考えの違いがどこにあるかを知ることがで

---

[11]　より詳しくは、エイミー・エドモンドソンの TED Talk（https://www.ted.
com/talks/amy_edmondson_how_to_turn_a_group_of_strangers_into_a_
team/transcript）を視聴することを勧める。

きなくなってしまう。皆が発言する、馬鹿なことを言っても許される、そういう雰囲気の会議にしたいものだ。

会議のやり方について印象に残った経験がある。GE の方とスマートシティに関する議論をしたときのことだ。GE には**ワークアウト** [10] という独特の会議手法がある。ワークアウトには、そこで合意されたことの実行責任を持つ「スポンサー・エグゼクティブ」が割り当てられる。ただし、スポンサー・エグゼクティブは議論そのものには参加できない。ワークアウト終了時に、参加者は合意事項をスポンサー・エグゼクティブに報告し、スポンサー・エグゼクティブはその場で Go または No Go の判断をくだす。判断が Go である場合には、スポンサー・エグゼクティブはその提案を実施する全責任を持つ。

その他にも、ワークアウト手法の訓練を受けたファシリテーターが議論を円滑に進めること、入念に準備を行うことなど、"なるほどな"と思うポイントがいくつもあるが、私が最も感心したのは、ワークアウトのリーダーが「今からワークアウトを始めます」と言った途端に、参加している GE 社員全員が、スイッチが入ったように前のめりになり活発な議論を始めたことだ。ワークアウトという方法論が、企業の中にしっかり根付いている証拠である。会議の方法論はいろいろあるが、それを当り前のように普段から使っていなければ意味がない。会議は組織の文化であると、つくづく思う。

3.3.2 オンラインのコミュニケーション

PFN のようなフラットな組織を風通しの良いものとして維持するには、IT によるコミュニケーションツールが欠かせない。本書執筆の 2019 年時点では、世の中ではチャットツールの Slack が広く使われているようだ。PFN でも多くの情報交換、議論、意思決定が Slack 上で行われていて、素早い意思決定に役立っている。PFN の

Slack チャネルは、技術に関するもの、プロジェクトに関するもの、社内の総務や情報システムに関するものなど、1,000 以上ある。人事など特定のトピックを除き、どのチャネルも全社員にアクセス可能になっている。自分が携わっていないプロジェクトでも、興味があれば、そのチャネルをフォローしたり、自分のアイディアを述べたりすることができる。会社の新しい施策を議論しているときに、突然創業者の西川や岡野原がチャネルに現れて「それで行きましょう」と、あっという間に意思決定が行われてしまうこともある（図7）。

Motoki Abe 🏆 2:46 PM
やったほうがいい気がしています
やりましょうか
Daisuke Okanohara 2:48 PM
はい、やりましょう、私もやります

図 7. PFN における Slack による意思決定の例

Slack では、特定のメンバーだけによるプライベートチャネルを設定することもできる。人事の話題や、お客様からの機密保持契約に基づいて情報開示範囲を制限しなければならないプロジェクトでは、プライベートチャネルを使わざるをえない。しかし、プライベートチャネルが増えすぎると、社内における情報の分割ができてしまうことにもなりかねない。風通しの良い組織を維持するために、気をつけたい点である。

3.3.3　PFN Day

Slack は優れたコミュニケーションツールだが、時間と空間の制

約が許せば、やはり人と人とが対面で行うコミュニケーション形態が望ましい。多くの企業では、社内の技術コミュニティの間での交流を深めるために、社内イベントを定期的に開催している。私が勤務していたころ、IBM では Innovation Day、キヤノンや統計数理研究所ではオープンハウスのような名称で呼ばれていた。PFN では、会社が成長するにつれ、いくつかの形態を模索してきたが、現在行っているのは、PFN Day と呼ぶ 1 日もしくは 2 日の全社イベントである。そこでは基調講演、いくつかのパラレルセッションでの講演、それからポスター発表などが行われる。ポスター発表は、私が好きな議論のスタイルであり、研究者と直接議論ができるのはとてもよい。新しいアイディアが生まれてくるのは、このようなインタラクションによることが多いと思うからだ（図 8）。

図 8. PFN Day におけるディスカッション

3.3.4　PFN Values Week

　2018 年 4 月に、PFN は社員が共有する価値観（PFN Values）を

決めるため、全社員が1週間にわたる集中的な議論を行った。PFN Values は PFN 社員の行動指針となる「PFN らしさ」を自分たちの言葉で表現しようとしたものだ。1週間の議論から「熱意を元に（Motivation Driven）」「死ぬ気で学べ（Learn or Die）」など4つの価値を決めた（その内容については5.2節で詳しく述べる）。ここでは、この議論をどのように設計し、実施したか、について紹介しよう。

　まず、大前提として全員参加の原則があった。価値観をトップダウンに与えるのではなく、ボトムアップに明らかにしていくことによって、できあがった Value を社員は自分たちのものとして捉えることができる。全社員が参加するボトムアップな議論で企業の価値観を決めた例として、IBM が 2003 年に 72 時間の大規模なオンライン議論によって現在の3つの企業価値 "IBMer's Values" を決めた、"IBM Values Jam" がある。そのときの様子は、『ハーバード・ビジネス・レビュー』誌に詳しく述べられている［11］が、5万人の社員が本音をぶつけ合うことによって「自分たちの価値とは何か」を真剣に掘り下げることができた。この事例を含め、他社の様々な事例を参考に、全体を設計した。

　この手の議論の常として、全体は発散と収束の2つのフェーズからなる[12]。**発散フェーズ**ではできるだけ多くのアイディアを集めることが求められる。全員参加が必要なのはこのフェーズである。一方、**収束フェーズ**は出てきた大量のアイディアを少数のメッセージにまとめる作業であり、これは小さなチームで集中的に行わなければならない。

　PFN Values Week の発散フェーズでは、以下の3つの活動を1週間行った。

---

[12]　研究にも仮説生成と仮説検証のフェーズがあることと似ている。

1. ランダムにアサインされた「6人組」による Face-to-face（対面）の議論
   「全員参加」を保証する仕組みとして、全社員をいずれかの「6人組」に割り当て、その6人組が Values Week の間に最低1回は1時間の議論を行うように依頼した。
2. Slack による全体議論
3. "Brown Bag Lunch"（お弁当を持って集まるランチ会議）

いずれの議論にも、モデレータを割り当て、以下の点を依頼した。

● 参加者からできるだけ多くの意見を引き出すこと。そのために自分はしゃべらず、聞くことに徹すること
● 出てきた意見に対して批評しないこと。批評を許さないこと。
● もし参加者が何を考えてよいか迷っていたら、以下のような質問を投げかけること
   ○ PFN の価値とは何か？　お客様にとって、あなたにとって、社会にとっての価値とは？
   ○ PFN は他の会社とどのように違うだろうか？
   ○ （特に最近入社してきた社員に対して）PFN は外からどのように見えただろうか？
● 議論の後すぐに、そのサマリをメインの Slack チャネルで共有すること

　一方、収束フェーズではコアチームが全体の意見を俯瞰し、それらの間に現れる共通のテーマを言語化する、ということを繰り返した。特に、言語化には、簡潔な言葉でメッセージが伝わるよう、細心の注意を払った。最終的には西川・岡野原のレビューを経て、PFN の4つの Value が決まった。
　このような議論は、チームの枠を超えて「会社がどうあるべきか」

を考えるきっかけになる。そのことが、「Value を決める」というアウトプットを得ることと同様に、重要な成果と感じた。

3.4 交渉する

企業の研究者にとって、ネゴシエーションは重要なスキルである。研究の提案が採用されるか、研究成果が事業部やお客様に受け入れられるか、は提案の内容のみならず、ネゴシエーションによって決まることが多い。

ここで言う「ネゴシエーション」とは、相手に自分の考えを押し付けることではない。自分が A と主張し、相手が B と主張したときに、「相手と共同して A や B よりも良い C という解を探す」という共同作業のことを指す。つまり、お客様や事業部にとってベストな選択は何か、その中に自分の提案を取り込むにはどうしたらよいか、そういう問題を共同で解くことを言っているのである。したがって、自分の最初の提案に拘泥せず、相手が思ってもみなかったような、なおかつ相手にとってより有利な提案ができれば、あなたの提案は受け入れられる可能性が高まる。

交渉の際に大事なのは、相手の真のゴール（本音）を理解することである。そもそも相手の言っていることは、本当に相手がほしいものなのだろうか。お客様が「あなたの提案には A という機能が欠けているので採用できません」とおっしゃったときに、お客様が本当に欲しいのは機能 A なのだろうか。それとも、お客様の上司が B 社の営業と個人的なつながりがあり、B 社のソリューションを導入することを既に決めてしまっているために、断る口実として機能 A を持ち出しているだけなのだろうか。もし後者であれば「あと 3 ヶ月いただければ私たちも機能 A を提供できます」のような交渉は無意味である。その際には、B 社と交渉して B 社のソリューションの

一部として自分の提案を使ってもらうことはできないだろうか、などと別の方法を考えてみるのがよい。

もう1つ、交渉に重要なのが、**BATNA**（Best Alternative To Negotiated Agreement）、すなわち、交渉が決裂した場合に取りうる代替手段のうちベストなものは何か、を常に意識することだ。自分のBATNA、相手のBATNAをよく理解しておけば、そしてそれらのどちらよりも良い提案ができれば、自分も相手もハッピーになれる。簡単なことのようだが、交渉の場に臨むと、なかなか冷静にBATNAを考えることができない。もし、交渉に行き詰ったら一歩引き下がって「自分のBATNAは何だろう」「相手のBATNAは何だろう」と改めて考えてみるとよいのだ。上記の例の場合、お客様のBATNAは、B社のソリューションを使うことだ。だから、B社のソリューションに少しでも付加価値をつけることができれば、提案を受け入れてもらえる可能性がある。

ネゴシエーションについては、ジョージ・コーライザーという人が書いた本 [12] が参考になる。著者は、以前オハイオ州の警察で、Hostage Negotiator、つまりプロの交渉人として、人質事件の犯人との交渉を行っていた人である（今は、ビジネススクールの教員として、企業のエグゼクティブたちに、リーダーシップのコースを教えている）。人質事件において、交渉人は対話（"dialogue"）を通して犯人との精神的なつながり（"bond"）を作り、犯人の本音を探る。その後、徐々に犯人の興味を、人質を傷つけることから、自分の本当の目的を達成するほうに向けさせる。この著者も、人質との交換の結果、自分自身が人質になったことが4回あるのだそうだが、そのたびに交渉に成功している。人質事件において、プロの交渉人が人質を傷つけずに救出する確率は95％以上ということだ。

相手の興味を、本当の目的を達成するほうに向けさせると言っても、相手が感情的になって、自分の主張にこだわっているときには

難しいだろう。そのような場合のテクニックとして、この本で紹介されている方法の1つは、相手に選択肢を与えるということだ。子供が学校へ行くのを嫌がってぐずっているとき、「ぐずぐずしないで行きなさい」と言うのではなく、「今日は水色の洋服にする？　ピンクにする？」のように選択肢を与えることで、感情の対象になっている「学校へ行きたくない」という受動的な主題から、「どの洋服を着るか」という主体的な判断に、相手の注意を向けさせる、ということである。このテクニックは、仕事上だけでなく、子育てにも役に立つのではないだろうか。

　ネゴシエーションについて、私自身が自分の経験から実践していることを、私のレターを通してお伝えしよう。

Letter

相手を理解すること

　コミュニケーションの目的とは何でしょうか？　究極的には、相手がその結果としてそれまでの行動とは異なる行動を取るように仕向けることです。だとすれば、コミュニケーションの際には、相手がどのように考えるか、それを考えることが極めて大切なのではないでしょうか？　昨年、大久保寛司さんの研修を受けました（注：この研修については 5.2 節でもう一度触れる）。大久保さんに教えていただいた事柄の中で、特に印象に残ったのが、説得と納得の違いです。いくら理詰めで説得しようとしても、人は自分の言葉で納得できないと行動につながらないものです。私たち研究者は論理で相手を**説得**しようとしていませんか？　何度提案しても通らない場合には、きっと相手が**納得**していないのでしょう。ならば、相手の立場になって、何が問題なのか考えてみることが役に立つのではないでしょうか？

　私自身がときどき使うテクニックは、やってほしいことを相手に

思いついてもらうということです。でも、決して難しいことではありません。「その問題は X という手法で解けます」と主張する代わりに、「もしこの問題に X という手法が適用できるとすれば、どうなりますか？」というような疑問文にすればよいのです。すると、相手はこの方法で問題が解けるか頭の中で考えてみるはずです。「うん、もしかしたらできるかもしれない」と思い始めると、たとえ最初のヒントが私から来たとしても、アイディアそのものは自分が考え付いたように思っていただけるのではないでしょうか。それが納得につながるのではないかと思うのです。研究者は多くの場合「自分のアイディア」にこだわりがあり、したがって自分が思いついたことは自分のもの、という思いが多いのではないかと思います。しかし、時には自分のアイディアを相手に渡してしまうことによって、より大きなものを手に入れることができるのではないでしょうか。

　もう 1 つ、相手を理解するために私が心がけていることは、特に初対面の相手からは自分を過小評価してもらうことです。お客様から「こいつは何も知らないな」と思っていただければ、相手は警戒心を解いていろいろ教えてくださるでしょう。無邪気に質問をして、できるだけ多くを相手から引き出すことが大事だと思うのです。もちろん、これは両刃の剣で、過小評価されすぎて「こいつに話しても無駄だ」と思われたらだめなのですが…。知的な会話をしつつ、できるだけ相手を理解できる情報を引き出す、これがコミュニケーションの秘訣なのではないかと、私は思っています。

3.5 異文化コミュニケーション

　コミュニケーションといえば、我々日本人にとって特に大きな課題が、異文化コミュニケーションである。IBM 東京基礎研究所の

TOEIC の平均点は 800 点を超えていた。これは日本の、200 名近い組織としては極めて高い平均点だったとは思うが、必ずしも十分とは思えない。PFN ではおよそ 1 割の社員が外国籍で、全体会議をはじめ、主要なコミュニケーションは英語で行われている。そういう私自身も、日々英語では苦労している。最近は若いうちに海外経験をしている研究員も多くなってきて、若い世代は我々よりは苦労していないようであるが、それでもまだまだである。しかし、大切なのは英語力だけでない。異文化コミュニケーションにおいて、自分の存在感を出せるかどうかが鍵だ。そのためには、まずは自分が誰か、をアピールすることが必要である。

　多くの日本人研究者を見て思うのは、<u>見えないのはいないのと同じ</u>ということだ。謙虚であることは美徳ではあるが、黙っていては何も生み出さない。自分が価値ある情報やアイディアを持っているのだとしたら、それを他の人に知らせるのは皆さんの義務、仕事のうちだと思う。個人の性格とか好みの問題ではない。また同時に、テクニカル・コミュニティの中で認められていき、将来高職位の技術者になるためにも、「人から見える」仕事をするようにしなければならない。

　まず手始めとしてできることは 2 つある。1 つは、社内 Web 電話帳のページに写真と英文のプロファイルを載せることだ。今ではどの会社でもこのようなシステムを持っていると思う。皆さんの名前はどこで目にとまるかわからない。社内の誰かが、「あれ、これは誰だろう？」と思った時にまず見るのが社内 Web 電話帳であり、ここに英文のコンテンツを書いておく必要がある。もう 1 つは社外向けで、日本の研究者であれば例えば ResearchMap[13] にプロファイルを載せておくことである。研究者は自分の業績を常にまとめていな

ければならない。ResearchMap はそのための良いツールと言える。

　「見えないのはいないのと同じ」なのだが、特に私たちにとっての
チャレンジは海外とのコミュニケーションだと思う。異言語、異文
化のコミュニケーションがなかなか大変なのは、私も十分経験して
いる。たとえ言葉がわかったとしても、白熱した議論の中でタイミ
ングよく口を挟むのは、私にとって今でも大きな課題である。この
ようなコミュニケーションの問題を克服するベストな方法は、やは
りその文化にどっぷりつかることなのではないか。私自身の経験で
は、1993 年（IBM 入社 10 年後）に夏の間 4 ヶ月だけニューヨーク
州の T. J. Watson 研究所で過ごしたことがあり、そのときが一番英
語力が伸びた時期だと感じている（家族と離れていて、毎日日本語
を使うチャンスがなかったのが大きかった）。

　もし、読者の皆さんがまだ学生で、海外に 2〜3 ヶ月でもいいから
行くチャンスがあるのであれば、是非そのチャンスをつかまえて、
異文化コミュニケーションを経験してきてほしい。

　異文化コミュニケーションにおいて、存在感を出すにはどうした
らよいだろうか？　よく、「日本人は控えめなので損ばかりしてい
る」という意見を聞くことがある。私は必ずしもそうは思わない。
控えめであることが損ばかりではない。XML の標準化で有名な村
田真氏は、普段は控えめだが、標準化の国際コミュニティにおいて
非常に信頼されている。特に国際文字セットや符号化の問題が現れ
ると、「ミスター・ムラタ、これについてはどう思うか」と海外の専
門家のほうから聞いてくる。思いつきで軽薄な意見をたくさん話し
がちな外国人より、よっぽど存在感がある。そもそも、あなたが良
いアイディアや重要な情報を持っているときには、それを会話から
引き出せない相手のほうが損をしているのではないか。だから、控
えめであることは決して悪いことではない。大切なことは、なるほ
どと思わせる意見を言う、誰もが必要とする情報を提供する、など

によって<u>存在感を出しておくこと</u>である。それは、決して英語がう
まくなることだけで達成されるわけではない。黙っているだけでは
だめだが、技術コミュニティの中で信頼され、役に立つヤツだと思
われること、何よりもそれが存在感につながるのだと思う。

　異文化コミュニケーションについては、2010 年に私が書いたブロ
グを紹介して、この章を締めくくりたい。

Blog

知の鎖国

　プリンストン大学（当時）の小林久志先生が、ご自身のブログで、
日本の知識人に対してもっと国際化しなければならないという趣旨
のメッセージを発していらっしゃいます[14]。その中で紹介されてい
るのが、アイヴァン・ホールの『知の鎖国』という本［13］です。
1998 年の本ですが、原題は *Cartel of Mind* で、日本には「心のカ
ルテル」があり、日本の知識社会、特に、法曹界、ジャーナリズム、
高等教育（大学）が、外国人に対していかに閉鎖的か、ということ
が、歯に衣着せずにこれでもか、と思うほど批判的に書かれていま
す。

　日本人からみると、非常にショッキングな内容です。私はグロー
バル化の最先端を走る米国企業に長いこと勤めていましたし、今で
は日本を代表するグローバル企業の 1 つに勤めています。しかし、
どちらの組織でも日本の閉鎖性を感じることがしばしばありました
し、今でもあります。世界は確実にグローバル化に向かっているよ
うですが、残念ながら、もしかすると最近の日本はグローバル化の
努力を怠っているのかもしれません。

---

[14]　http://hp.hisashikobayashi.com/speech-at-the-opening-exercises-at-the-university-of-tokyo/

なぜそうなってしまったのでしょうか。まず英語力の問題をあげなければなりません。好むと好まざるとに関わらず、世界における共通の言語は英語です。ですから、私たちがグローバルに活躍するためにはどうしても英語によるコミュニケーション力が不可欠です。小林先生がブログの中で指摘していますが、日本の TOEFL のスコアは、アジア 27 カ国中最下位だそうです。2008 年の TOEIC Newsletter によれば、2008 年度の日本企業における TOEIC スコアの平均は、456 点（参加企業 909 社、参加者 55,375 人）だそうです。これに対して、韓国の大企業、例えばヒュンダイや LG 電子などは、採用の際の足切りの TOEIC スコアが 800 点だということですから、いかに私たちの英語力が足りないかを認識しなければならないでしょう。

　多くの日本人にとって、英語を話すことは簡単なことではないでしょう。私自身もそうです。私は平均的な日本人よりは英語を話すことができるほうだと思いますが、それでも、英語を話すときには、日本語のときに比べて何倍ものエネルギーを使います。多くの日本人と同様に、私の英語も子供の時から身に着いたものではありません。例えば、L と R の発音の違いは私にはまったくわかりません。試しに、音声機能付きの電子辞書で "right" と "light"、あるいは "ray" と "lay" などを聞き分けようとしてみてください。私にはまったく同じに聞こえます。子供のときから英語の音を聞いている人には、これらは全く違う音に聞こえるそうです。英語力の問題は大きなハンディですが、乗り越えなければなりません。

　しかし、語学力以上の大きな問題もありそうです。それは、意思決定プロセスの問題です。アイヴァン・ホールは、『知の鎖国』の中で、日本語を流暢に話す外国人が、意思決定の場から意識的に阻害されている問題を繰り返し指摘しています。外国人はお客様として日本に来ている分には非常に歓待される、しかし、一歩意思決定の

場に足を踏み入れると、とたんに冷たくなるというのです。なぜ、このようなことになってしまっているのでしょうか。

　最近、ある若い方が、「偉い人はなぜ議論の最初から多くの利害関係者を入れるのを嫌がるのだろう」という疑問を投げかけていました。何かの合意形成をする場合に、「議論が発散するといけないから」という理由で、まず少数の狭いグループの中で合意を作り、後から「これが合意だから」と言って他の利害関係者に説明する、ということをしていないか、という疑問です。皆さんの周りで、思い当たることがないでしょうか？

　本来、意思決定の場に多様な利害関係者が参加することは良いことであり、必要なことであるはずです。より多くの異なる意見の中からより良いアイディアを導き出すことができますし、また、利害関係者が議論の最初から参加していることによって、結果に対する納得度も高くなるでしょう。議論で本来あるべき姿、すなわち「時には対立する異なる意見を取り入れながら、新しいアイディアを創り出していく」というプロセスに、私たちは残念ながら慣れていないようです。学校教育の場で、また家庭で、そのような訓練が不足していたのではないでしょうか。

　元日本 CA 社長の根塚真太郎さんは懇意にしていだいている私の知人ですが、根塚さんは、語学力に加えて「議論する力」がグローバル化のためには必要だと述べています。この「議論する力」とは、異なる視点の新しい意見を歓迎し、それらを取り入れてより高いレベルの合意を創り出す、ということに他ならないのではないかと、私には思えるのです。

　では、私たちが「知の鎖国」状態から脱出して、国際社会からも対等と認められる責任ある社会になるにはどうしたらよいのでしょうか。

　もちろん、第 1 に英語によるコミュニケーション力をつけなけれ

ばなりません。英語の PodCast など、今では多くの英語教材があります から、学習する手段に困ることはないでしょう。でも、もっとも力がつくのは、実際にビジネスで英語を使うチャンスを増やすことです。この際、単に相手の話を聞くだけでなく、双方向のコミュニケーションになっていることが重要です。

ビジネスにおけるコミュニケーションの場合、相手はこちらから何かを引き出したいから会話しているはずです。何かの情報を得たいのかもしれませんし、あるいは何かを説明しているときでも、こちらが理解しているか、納得しているかという感触を引き出したいはずです。相手がどうしても引き出したい価値ある何かをこちらが持っている、そのことはコミュニケーションにおいて自分の存在感を出す第一歩だと思います。

前出の根塚さんは、「ビジネス力のない人が、英語力があるというだけで、時としてグローバル化人材だと勘違いされることがある」ということに警鐘を鳴らしています。英語によるコミュニケーション能力とは、少なくともビジネスの現場では、英語力＋ビジネス力と言えるでしょう。

第 2 の問題としてあげた、意思決定プロセスの閉鎖性を改善するためには、私は**多様性**（ダイバーシティ）の考え方が大切だと思います。多様性とは、私の考えでは、違いを受け入れ、尊重するということです。違う考えを喜んで受け入れるようになれば、「議論が発散するから」といって重要な外部利害関係者を意思決定プロセスから排除することもなくなるでしょう。

意思決定プロセスに多様性を受け入れるためにはしかし、努力が必要です。自分とは違う視点、考え方は、ただちには理解できないし、そのリスクを自信を持って評価できないからです。あなたが主催する会議において 2 つの提案、X と Y が出たとしましょう。X は自分に近しい人から出たアイディアで、あなたもその内容と価値を

よくわかっています。一方、提案 Y のほうは、異なるコミュニティに属するよく知らない人（たとえば外国人）から出たもので、一見よさそうなアイディアにも聞こえますが、あなたにはよく理解できないし、その価値を正しく判断できません。あなたは会議の結論として、提案 X をまず検討すべきでしょうか。それとも提案 Y を検討すべきでしょうか。

　多様性に対する取組みとして私が必要だと思うのは、<u>自分のわからないものはひとまず、わかっているものよりも素晴らしいのだと仮定すること</u>です。これはある意味でアファーマティブ・アクションを一般化した考え方と言えると思います。**アファーマティブ・アクション**という言葉は、弱者集団を積極的に優遇すること、例えば同じ成績ならば女性の昇進を優先する、などの意味で使われます。しかし私はここでは、「自分の属する集団以外の人々には、自分の理解できない、あるいはまだ理解していない点があるので、それらを価値の高いものと仮定して積極的に評価すること」と定義したいと思います。自分が理解できないがために価値あるものを見すごしてしまう、というリスクを最小限にしようという考え方です、

　私たちが日々の議論の中で、異なる視点のアイディアを喜んで受け入れるようになり、さらにその習慣が意思決定の場にも活かされるようになれば、『知の鎖国』状態は改善されていくのではないでしょうか。そして、そのためには、私たち 1 人ひとりが「アファーマティブ・アクション」を心がけていくべきなのではないでしょうか。

　私たちが若者であった 70 年代、80 年代には、日本企業が世界に進出し、急速にグローバル化が進んでいました。私たちは、さらにグローバル化がすすみ、日本が世界の中で重要な責任ある地位を占めていくのだろうと期待していました。私たちは、そのための努力をいつしかしなくなってしまったように思えてなりません。アイ

ヴァン・ホールのような心ある人の指摘を待つのではなく、私たち1人ひとりが、グローバル化の努力をしていかなければならないと思います。

　多様性を認めるということは、決して居心地の良いものではない。わからないものを恐れる、という自然な感情に反して、意志の力で受け入れていかねばならないからである。「自分のわからないものはひとまず、わかっているものよりも素晴らしいのだと仮定を置いて考えること」は、そのために私自身が心がけていることである。

この章のまとめ

- 論文は時間と空間を超えて研究をスケールさせるツールである。
- 論文は事実を主張するのか、法則を主張するのか、方法を主張するのかを考えよう。それによって論の立て方が異なる。
- 英語論文を書く習慣をつけよう。
- プレゼンテーションだけではなかなか内容は伝わらない。内容を伝える補助的なチャネルを用意しよう。
- 質疑応答は良い印象を与える重要な機会である。
- 会議では、心理的安全性を心がけよう。
- オンラインツール・対面コミュニケーションの長所・短所をうまく組み合わせよう。
- 英語でのコミュニケーションでは存在感を出そう。
- 相手をリスペクトすることこそが、コミュニケーションの最大のポイントである。

第4章

研究者のキャリア

Research That Matters

もしあなたがいま理工系の大学院生で、これから企業の研究開発部門で研究者として働こうと思っているとすると、どのようなキャリアが考えられるだろうか？　修士を出て就職し、定年までおよそ35 年間、雇用延長まで考えれば40 年、ずいぶん長い道のりだ。あなたは、ずっと同じ分野の研究を突き詰めるのだろうか。そもそも、40 年間の職業人生を一貫して研究者として過ごすことができるのだろうか。それとも、いずれは経営者を目指すのだろうか。高度成長期ならいざ知らず、今の時代、新卒で就職した会社に定年まで勤務し続けるのは難しいだろう。だとすれば、転職はどのように考えればよいのだろうか。企業から大学などのアカデミアへの転職のパスはあるのだろうか。この章では研究者のキャリアについて考えたい。

▎4.1 研究分野を変える

　IBM Research の浅川智恵子さんのモットーは、"Making impossible possible by never giving up（決して諦めないことで、不可能を可能にする）"である。40 年近い研究者としてのキャリアの中で、自身が全盲である彼女は、視覚障害者に対する情報技術による支援の分野でいくつもの業績をあげてきたが、その裏には諦めない強い心がある。

　強い信念と諦めない心は、成功する研究者の重要な要素であり、そのような資質を持つ研究者に対して私は畏敬の念を覚える。私は決してそのような人にはなれないが、一方、すべての研究者が浅川さんのようでなければならない、というわけでもないだろう。企業における研究者ではむしろ、一生同じ研究分野の研究を続けることは稀である。流れの速い技術の世界では、お客様にとって価値を持つ技術というものが、時とともに変化していくからである。そのこ

とを強く印象づけられたのが、2008 年に IBM のテクニカル・リーダーだったニック・ドノフリオが引退したときに、彼が自分のキャリアを振り返って IBM 技術者に向かって言った言葉 "Don't Settle" である。

Don't Settle for Anything

　皆さんももうご存知だと思いますが、ニック・ドノフリオが 10 月 1 日に引退することになりました。ニックは 1964 年から IBM にいるそうですから、もう 44 年になります。私としては大きなショックです。25 年前に会社に入って以来、「この人のようになりたい」、「この人が IBM という会社を支えているんだ」、「この人について行きたい」と思えるような人が何人もいました。ニックは、IBM の 20 万人の技術系社員のリーダーであり、社内で最も、「この人について行きたい」と思われている人なのではないかと思います。

　4 月にフロリダ州オーランドで、4,000 名の技術系社員が集まる、IBM 技術リーダー会議が開催されました。最後のセッションで、ニックは私たち IBM 技術者に対して語りかけています。

　今回の彼のメッセージは、この会議全体のテーマでもある "Change!" です。とはいっても、オバマ候補とは関係ありません。我々自身が市場のあり方を先取りして変わっていかなければならない、という意味です。昨年の彼の講演の一部を、前回の全体会議で皆さんに一緒に聞いていただいたのを覚えているでしょうか？　グローバル化によって「自分たちの仕事がなくなるのではないか」という米国の技術者の質問に対してニックは、「価値（Value）は変わって（migrate して）いくものだ。だから、皆さんもそれに合わせてスキルを磨いていかなければならない」と答えていました。

　ニックが 44 年前に IBM に入ったのはインターンシップの学生と

してと聞いていますが、大学では真空管回路を学んだそうです。もちろん、真空管回路の技術の多くは今ではほとんど役に立ちません。IBM のテクニカルコミュニティのリーダーとして、彼は 44 年間の間に半導体、コンピュータアーキテクチャ、ソフトウェア、サービスなどの情報技術を必要に応じて学んでいったのです。ニックは私たちにも同じことを望んでいます。市場は変わっていく、それに合わせてお客様が要求する技術も変わっていく。私たちは、その変化をリードしていかなければならないのです。

20 分間の質疑応答を含めて 1 時間 20 分に渡るスピーチの最後で、ニックは、"Don't settle for anything" と言っています。この言葉が彼の叫びなのではないかと思います。会社に長いこといると、だんだん現状を肯定してしまっている自分がいます。ニックは、現状に満足することなかれ、よりよいものを目指して、常に自分を磨いていかないといけない、ということを戒めているのだと思います。

この "Don't Settle" という言葉は、有名なスティーブ・ジョブズのスタンフォード大学におけるスピーチにも出てくる。"Keep looking, don't settle（常に探し続けろ。現状に満足してはいけない）" と彼はスタンフォード大学の卒業生に言ったのだが、つまりは、その言葉は研究者以外にも当てはまるということなのだと思う。研究者にとって、"keep looking" とは、自分の分野における新しいアイディアを追い求めることだけでなく、新たな領域を切り開いていくことでもある。

研究分野には栄枯盛衰がある。戦後、造船が日本の花形産業であった時代には、船舶工学が理工系学生にとって人気の研究分野であった。東日本大震災とそれに続く福島第一原発事故以降、原子力工学の研究開発に投入される予算は大幅に減少した。計算機科学の

分野では、例えばデータベースの研究は 1980 年代にそのピークを迎えたが、その後データベースそのものの研究開発はあまり日の目を見ない。多くのデータベース研究者が、データマイニングや分散処理に研究の重点を移しているのは、市場の動向を見るとやむをえないことだろう。誤解してほしくないのだが、決してデータベース研究の価値が低いと言っているのではない。データベースは情報システムの基幹技術の 1 つであり、その技術は常に磨いていかねばならないのは当然のことである。言いたいのは、どんな技術も、他の新しい技術が現れるにしたがって、その価値は相対的に低下していかざるをえない、ということなのだ。だから、自分の技術分野にしがみついていることは、自分の価値を相対的に下げているかもしれない、ということを心に留めるべきである。

　もちろん、研究者として自分の研究分野にこだわりを持つことは重要である。1980 年代の終わりごろに、ニューラルネットワーク技術は大きく期待されたが、その後の実用化の目処が立たずに、多くの研究者が離れていった。しかし、この技術を諦めずに研究し続けたトロント大学のヒントン教授らは、コンピュータの性能向上とビッグデータの追い風に助けられて、ついに 2014 年に深層学習の技術を完成する。30 年近くにわたって同じ技術を追求してきたことが、大きな成果につながったのだ。

　残念ながら営利を追求する民間企業においては、30 年の間、顧客価値を創造しない研究開発に投資を続けることは難しい。もしあなたの研究が、過去 1〜2 年間の間に顧客価値を全く創出していないのであれば、研究テーマを変えることを考えるべきである。企業研究者として 40 年のキャリアを考えれば、ほぼ間違いなくあなたの専門領域は変わっていくだろう。

　専門領域を変えるのは、ときとして痛みを伴うものだ。新しい領域に関してアイディアがあり、そのアイディアに対して研究提案を

し、それが認められた場合ならば、提案を作成する段階で新しい研究領域をよく調査してあるはずだし、研究者にとっても提案が認められたということで、高いモチベーションで新しい研究領域に取り掛かることができるだろう。一方、今やっている研究が、会社の方針の変更やビジネスの状況によって中止せざるを得ない状況では、専門領域を変えるのが難しいかもしれない。残念なことではあるが、私も研究所のマネジメントとして、何度となく研究プロジェクトの中止命令を出さざるを得なかった。せっかく興味を持って取り掛かっていた研究で、もう少しで成果が出そうだ、というときにその研究の中止命令が出たとしたらどのように感じるだろうか。企業の研究者として会社の方針に従うのはやむをえないとはいえ、やり切れなさを感じることもあるだろう。このようなときに、私が皆さんにお勧めしたいことは2点ある。

1つは、2章でも述べたように、常に現在の研究成果を文書の形でまとめておくことだ。会社の方針で研究が中止になったとしても、またいつ会社の状況が変わりその技術が必要になるかわからない。あるいは、それまでよく見えていなかったビジネスが、ある特定のお客様の要請で突然脚光を浴びるかもしれない。そのような場合に、何年も前に中止していた研究プロジェクトをただちに再開できるようにしておくためには、研究の途中成果を記録しておくほかはない。3.1 節でも述べたように、論文はこのための最適なツールだ。論文は、それを読んだ研究者が、その成果に積み重ねて研究を続けられるように書かれているはずのものだからである。論文はまた、書くほうにとっても論文発表の形で個人の研究業績になる、というメリットもある。論文でなくても、社内のレポートや、発明開示書や、雑誌への寄稿や、いろいろな形で研究成果を記録しておくことができるだろう。いずれにせよ、突然の研究プロジェクトの中止で、長年やってきた研究内容が散逸してしまう、ということがないように

したい。

　研究プロジェクトが中止になると、新たな研究領域に移行しなければならない。アドバイスの2つ目は、このような場合に間口をできるだけ広げて、何にでも興味を持つようにすべきだ、ということである。新たな研究領域を探している研究者に、「この研究プロジェクトをやってください」と言うと、「私はその研究には興味が持てません」という研究者がときどきいる。企業における研究は"面白いから"やるのではない。"必要だから"やるのだ。それが "Research that matters" の意味するところでもある。だから、新しい研究分野を提示されたら、特別な理由がない限り「是非やらせてください」と言うべきなのだ。もちろん、研究は面白くなくてはならないし、金出先生がおっしゃったように、良い研究は面白いはずだ。そして、どんな研究領域にしろ、「良い研究」のネタはころがっているのだと思う。

　私は 1997 年に米 IBM ソフトウェア事業部に在籍していたころ、セキュリティ関係の製品開発に遅れがある、その手伝いをしてもらえないか、と頼まれたことがある。それまでセキュリティはまったくの専門外であったが、面白いチャンスだと思って2つ返事で引き受けた。新しい分野に入ると、急峻な学習曲線で新しいことを覚えることになる。私にとっては見るもの聞くものすべてが新鮮であった。その中で、私は公開鍵暗号系の仕組みに魅了され、日本に帰ってからセキュリティ研究の世界に足を踏み入れることになる。もちろん、セキュリティの世界は奥が深く、新参者がいきなり成果を出せる研究領域ではない。しかし、私は学習を続け、XML とセキュリティとの接点という、自分の新たな研究領域を見出すことができた。

　2011 年には、ひょんなきっかけで統計数理研究所（統数研）に勤めることになった。私はそれまで 30 年ほど（広く言えば）ソフト

ウェアの研究開発を行ってきた。もちろん、確率・統計は大学の専門課程で習ったし、テストの成績も良かったが、決して内容をしっかり理解していたわけではなかった。統計に関する論文を書いたこともなかった。統数研が私に期待したのは、当時ビッグデータが大きなキーワードになってきて、ソフトウェアがよくわかる人間を入れたかったからなのだろう。統数研に来てみると、ソフトウェア研究者の感覚と、統計研究者の感覚は相当違っているということがわかった。統数研には当時所長の樋口知之先生、現所長の椿広計先生（2019 年現在）など日本を代表する研究者がいらっしゃって、多くのことを学ぶことができた。また、公理的確率論や、確率過程論などを 1 から学び直し、自分のスキルとすることができた。実は 2012 年から急速に進化した深層学習は、ベースが**統計モデリング**であり、同時にそれをソフトウェア的な観点でみれば、例示データから帰納的にプログラムを作る**帰納的プログラミング**と考えることができる。その気付きを元に、PFN に移ってからは**機械学習工学**という新しい研究領域を提案することができた。現在機械学習工学は、日本ソフトウェア科学会の研究会 [15] として、多くの研究者・実務者によって活発に議論されている。

3.3 節で述べた PFN Value の 1 つが "Learn or Die（死ぬ気で学べ）"である。PFN が挑戦する最先端の技術は変化の激しい分野であり、その中で PFN が最先端であり続けるためには、それぞれの社員が学び続けることが唯一の方法だと認識しているからだ。この Value は副社長の岡野原の強いこだわりでもある。各人が常に学習意欲を持っていれば、その組織は外界の変化に追従できる、極めて柔軟な組織になることができるのだと思う。

新しい領域との出会いが、いつでもうまくいくものではないかと

---

[15] https://sites.google.com/view/sig-mlse/

は思うが、常に間口を広げて、新しい分野に挑戦する気概を持っていたいものである。

▌ 4.2 職種を変える

　日本のアカデミアでは、大学院博士課程を修了してから大学に残り、そのまま一生研究者としてのキャリアをまっとうすることは稀ではない。しかし、民間企業ではそうも言っていられない。研究成果が認められてマネジメントを任せられることもあるだろうし、研究開発部門を縮小して事業部への転籍を求められるかもしれない。

　研究者の多くは自分が研究者であることにこだわりがあるようだ。純粋に研究が好きという人もいるだろうし、研究者であることにある種のステータスを感じている人もいるように感じる。研究者であることに誇りを持って研究していることはもちろん大切だが、他の職種を経験してみることも重要な選択だと思う。理由は2つある。

　1つは、もしかしたら研究よりも自分のスキルを活かせる職種があるかもしれない、ということだ。研究者としてなかなか成果が出ない人が、事業部へ転属して大活躍する、ということはよくある。研究者になる人は、いわゆる地頭が良いので、どんな職種でも活躍できるのだろう。考えようによっては、研究というのは成果が数値的に見えにくいものだし、そもそも成果が出るか出ないかは、研究をやってみないとわからない、という損な側面がある。一方、営業ならばその週の売上は明確だし、自分のやっていることがダイレクトに会社の業績につながることを実感できる。コンサルタントになれば、お客様の問題解決を現場に入ってお手伝いすることができる。営業やコンサルティングはあなたにとって、研究よりやりがいのある仕事かもしれない。そして、それが実際に自分に合う仕事かどう

かどうかはやってみないとわからないものだ。

　企業にとって社員は資本や設備と同様、経営資源である。会社は、1 人ひとりの社員が一番価値を出せる職種にアサインしたいはずだ。加えて、誰でも年齢を重ねるにつれ、自分のスキルの強み弱みも変化してくる。長い自分の会社人生を考えれば、「自分には研究しかない」と自分の可能性を狭く考えずに、チャンスがあればいろいろな職種を経験してみるべきだ。

　他の職種を経験することを避けてはいけない理由の 2 つ目は、たとえ研究者としてのキャリアを積み重ねていくとしても、研究所外の世界を経験することは将来の研究にとって必ずプラスになるからだ。私自身、1996 年から 1997 年にかけては米 IBM の事業部にいたし、2003 年には IBM コンサルティング部門に出向した。このような、研究所外の経験は私のキャリアにとって計り知れない価値を持っている。研究者の仕事で大切なことの 1 つは、アイディアを生み出すことである。しかし、自分のオフィスに籠もって 1 人で考えているだけでは、なかなかアイディアは浮かんでこない。他分野、他業種の人と交流することによってイノベーションが生まれるというのは、多くの人が言っていることだし、私もそう思う。さらに、企業の研究者にとっては、自分の技術が実際に使われる現場を見てくるということが極めて大切だ。現場を知っていれば、自分の技術に自信を持つことができる。新しい提案をするときでも、現場を知っているのと知っていないのとでは、提案の迫力がまるで違う。私が 2003 年にコンサルティング部門へ出向したときのレターは、その考えを端的に示している。

Letter

コンサルティング部門への出向にあたって

　もうご存知の方もいると思いますが、私は来月から新たな出向プ

ログラムに基づき、IBCS（IBM ビジネス・コンサルティング・サービス）へ出向することになります。これに関して、東京基礎研究所のマネジメントがいろいろ議論していたのでもしかしたら、気づいていたかもしれません。しかし、この出向プログラムが、東京基礎研究所の研究員にとって何を意味するのかは、あまり理解されていないかと思います。また、東京基礎研究所のマネジメントの中にもそれぞれ微妙に捉え方の差があるようです。このレターで、私自身が何を考えて出向することになったかを、皆さんに知っていただけたらと思います。

　この出向プログラムの目的は何でしょうか？　それは、我々がどのような研究をすれば将来の IBM のサービス・ビジネスにインパクトを与えられるか、を探してくることであると私は信じています。

　私は、1996 年から 1997 年にかけて、米国ソフトウェア・グループのインターネット事業部に 1 年間長期出張で行かせてもらいました。本来は、日本 IBM のテクノロジを売り込むことがミッションだったはずですが、そのミッションはまったく達成できませんでした。一方、この 1 年間の間に、ソフトウェア業界の流れを身近に体験することができました。この結果、動きの速い IT の世界がどの方向に進むかという感覚を身に着けることができました。私が今まで未経験だった XML や、セキュリティの領域での研究開発を始めたのは、この「今後 IT で必要な新しいテクノロジは何か」という感覚のおかげだと思っています。また、このソフトウェア・グループで過ごした 1 年間のおかげで、社内に貴重な人脈をつくることができました。ソフトウェア・グループの一員として、目的意識を共有して働いたことにより、社内のキーとなるアーキテクトの間でも、信頼される研究者の 1 人と認められていると自負しています。この人脈は、6 年後の今でも私の貴重な財産です。この長期出張を通して、「IT 業界の動向に関する感覚」と「社内での人脈」を作ったことで、

何が IBM のソフトウェア・ビジネスへインパクトを与える研究か、どのようにすればもっともスムーズに貢献できるか、が私にはクリアになったと思います。

　私がこの出向プログラムにサイン・アップした理由は、同じことが、IBM のサービス・ビジネスに対してもできるのではないかと期待しているからです。すなわち、「お客様がセキュリティのエリアで将来必要とする技術は何か」という感覚を磨くこと、それから IBM サービス部門の中での人脈を作り、信頼される研究者になることで、今後スムーズに研究成果の貢献ができるようにすることです。

　私は、現在、基礎研究部門のセキュリティ・プライバシー・エリアのサブストラトジストです。今年の研究戦略のディスカッションの中で大きくクローズアップされているのが、IT セキュリティがビジネス戦略に与える影響です。すなわち、ビジネスがより IT に依存することによって、IT セキュリティは、単なるオペレーショナルな問題ではなく、企業のリスク管理戦略に直接結びつくトピックになっていることです。ところが、現在の IBM 基礎研究部門の中でのセキュリティの研究は、暗号やプロトコル、侵入検出など個別の技術が中心で、ビジネスのリスク管理に役立つような研究がありませんでした。そもそも、このエリアで何が必要とされているかを理解している研究者もいないようです。しかし、私の直感では、このエリアは大きなホワイト・スペースであり、基礎研究部門がサービス・ビジネスに貢献できる大きなチャンスに見えます。

　私は 1983 年に入社して以来、10 年間にわたって人工知能、自然言語処理、機械翻訳などのエリアで研究をしてきました。これらの研究によって、京都大学から学位をいただくなど、アカデミアの世界ではある程度の研究成果は出せたかもしれません。しかし、私のフラストレーションは、研究の成果がほとんど IT 業界にインパクトを与えなかったことです。お客様のサイトに半年間通って、翻訳者

の隣で機械翻訳のチューニングを行ったこともありますが、結局ものになりませんでした。その後、手書き文字認識、ビデオ・オン・デマンド、情報検索などに手を付けましたが、大きな成功には結びつきませんでした。

XML およびセキュリティは私にとっては成功したエリアだと思います。もう1匹、柳の下のどじょうを探したい、それが私の動機なのです。

研究者としてキャリアをスタートしたとしても、研究者以外の世界を知らなくてよい、というものでもない。チャンスがあれば、研究以外の仕事も楽しんでみたいものだ。

4.3 勤務先を変える

日本には終身雇用の慣行があり、高度成長期には、新卒で就職した会社に定年まで勤めるのが当り前だった。しかし、今の時代の就職はもっと流動的である。そもそも就職した会社が今後40年間存続するかすらわからない。むしろ、自分のキャリアの中で少なくとも数回、転職することを想定しておいたほうがよい。

私自身、高度成長期に育ったので、1983年に日本 IBM に就職したときには、当り前のように定年まで勤めるのだと思っていた。私が IBM を辞めようと決意したのは2008年の暮れのことであるが、四半世紀以上勤めた会社を去ることには非常に抵抗があり、最後まで悩んだ。しかし、結果的にその決断は正しかったと思う。四半世紀同じ会社にいると、会社の中で当り前だと思っていることが、世間で当り前であるかどうかがわからなくなってしまう。会社を変わってみると、あらゆることが新鮮で、そこには**急峻な学習曲線**が

ある。転職しなければわからなかったことが非常に多いのだ。

　IBM からキヤノンに転職して驚いたことの 1 つに、人件費の扱い
がある。IBM 研究部門でのコスト計算で、一番大きい部分を占める
が人件費だ。だから、部門がコスト削減を求められると、真っ先に
減らさなければならないのが人であった[16]。一方、伝統的な日本の
会社では人件費は固定費であり、部門が自由にコントロールできる
ものではない。これは考えてみれば当然のことで、終身雇用を前提
とするのであれば、毎年の予算計画のたびに人数を変動させるのは
難しいだろう。それまで当り前のように人件費をコストだと考えて
いた私には新鮮な驚きであった。

　スタートアップ企業である PFN にはもっと驚かされた。PFN に
は 2019 年 8 月現在、250 名以上の社員がいるが、そこには階層的な
組織構造がない。普通の企業では当り前の、課長や部長のような職
種がないのだ。では、上司は誰かと聞かれれば、強いて言えば創業
者の 2 人、西川と岡野原だと答えざるをえない。では誰がビジネス
や人事や予算の意思決定をするのか。今のところ、それは必ずしも
明文化されておらず、多くの場合関係者の合意で決まる。そういう
ことがなぜ可能なのだろうか？　フレデリック・ラルーの『ティー
ル組織』[14] には、マネジメント階層のない組織の様々な形態が紹
介されている。

　そもそもなぜ組織には階層構造が必要なのだろうか？　その 1 つ
の理由は「誰が責任を持つか」を明確にするためだ。社内の他の部
署に何かを頼むとき、あるいは新しい施策についての社内の了解を
得るとき、階層的な組織であれば「これは A 部長に話せばよいな」
ということがすぐわかる。もし社員 1 万人の会社に階層構造がなけ

---

[16]　社員のコストは給与だけではなく、オフィスのスペース、支援部門の分担金
などが社員の頭数でかかるので、社員 1 人当たりのコストは多くの場合、社員
に支払われる報酬の倍以上になる。

れば、誰に聞きにいけばよいか、途方に暮れてしまうだろう。しかし今は IT がある時代だ。もし、社内のそれぞれのタスクの責任者が常に検索できるようになっていれば、少なくとも「誰が責任を持つか」を明確にする、という意味での組織階層は必要でなくなる。階層構造の組織は全体像がわかりやすいが、管理職が忙しすぎてボトルネックになったり、特定の管理職に権限が集中してしまったり、そもそも管理職の存在自体がコストになるという弊害もある。急速に拡大している PFN の組織が、このままフラット構造でいけるのかどうかは予断を許さないが、PFN が組織運営の面でも新しい仕組みを探求していることがわかっていただけると思う。

　繰り返すが、転職とはつまり、大きな学びの機会である。もし、一生に一度も転職しないのであれば、それはあなたの成長の大きな機会を失っている、ともいえる。大企業に就職しても、生涯安定した勤務先とはなり得ない時代だ。キャリアの中で転職は常に選べるオプションとして考えておきたい。

4.3.1　どの会社を選ぶか？

　もしあなたが学生で、就職を決めようとするとき、あるいはもう社会人で、転職を考えているとき、どの会社を選ぶのがよいだろうか。

　職場を選ぶ研究者にとって一番大事なのはこの職場で自分は成長できるかという問いである。研究者にとって成長できる環境とは、優秀な研究者が多くいるところである。その意味で、名の通った研究所を持つ大企業は候補になるだろうし、NTT 研究所、IBM 東京基礎研究所、PFN などは、少なくとも国内では有数の良い職場といえるだろう。

　会社としてはどうだろうか。他の業界のことはわからないが、もし IT 業界を考えているのであれば、自社サービスを持っていて、そ

のための研究開発を自社内で行っている会社が良いのではないかと思う。外資でいえば Google や Facebook、日本企業でいえば DeNA やメルカリなどである。なぜ IBM、マイクロソフト、富士通などの IT ベンダーを勧めないのか。それは、IT システムの開発がより反復的・探索的・継続的になってきていることに一因がある。

1960 年代に大型汎用計算機が企業に導入された初期のころは、給与計算や在庫管理などのシステム構築は、企業が自身で COBOL プログラマを雇って行っていた。しかし、複数の企業で同じようなシステムを個別に開発しているのでは効率が悪い。計算機メーカは自社のシステムエンジニアをユーザ企業にはりつけて開発させ、また力のあるユーザ企業は、情報システム部を子会社化して独立させ、他のユーザ企業のシステム開発を請け負わせるようになった。このようにして、ほとんどのユーザ企業は自社内でのシステム開発能力を失っていった。給与計算や在庫管理のように、仕様が比較的明確な場合、ユーザ企業が仕様を提示し、ベンダー企業がそれを実装する、という役割分担がうまくいく。しかし、昨今のように複雑で動的なユーザインタフェースを持つシステムや、機械学習を用いて帰納的に開発するシステムなどにおいては、そもそもどのようなシステムを開発してよいかわからないためにプロジェクトが反復的になり、与えられた仕様を満たせるかどうかもわからないので開発が探索的になり、一度できあがっても運用時にどんどん改変していく必要があるので継続的になる。このように、反復的・探索的・継続的なシステム開発においては、ユーザ企業が発注しベンダ企業がそれを請け負う、という 2 者対立的なモデルではうまくいかないことが多い。それぞれのインセンティブが同じベクトルを向かないためだ。このことは特に、機械学習を用いたデータ分析プロジェクトに顕著にみられる。

機械学習を実応用している企業の多く（例えば Google や DeNA

など）は、それらのシステムを自社開発している。2018 年に行われた機械学習工学シンポジウムでは、アクセンチュアでグローバルなデータアナリティクスチームを率いている工藤卓哉さんが、データ分析プロジェクトが最終的に成功するには合弁会社を作る必要がある、と言ったのも、その点を明確に示している。つまり、データを持つユーザ企業と、テクノロジを持つベンダ企業が共同で新しい合弁企業を設立し、その収益を分配する、というやり方でないとうまくいかない、ということなのだ。

もう 1 点、企業を選ぶ際に気をつけたいのは、その企業が「プロセス原理主義」に陥っていないか、ということだ。プロセス原理主義については 5.2 節で詳しく述べるが、もし企業がルールやコンプライアンスを守ることを優先するあまり、社員の自由闊達な活動を阻害するようなことがあるのであれば、研究者としてはそのような企業は避けたほうがよいだろう。名の通った大企業だからといって、研究者にとって良い職場であるとは限らないのである。

なお、就職・転職にあたって提示される給与は、自分の市場価値を正しく示しているとは限らないことに注意したい。提示される給与は、様々な理由で変動する。たまたま役員面接で良い印象を与えただけかもしれないし、履歴書の誤字が人事担当者の目に止まって評価を下げたのかもしれない。転職市場が転職者の市場価値を需給関係に基づいて正しく反映しているならば（転職市場が効率的な市場であるならば）、あなたの市場価値を Y としたとき、提示される給与は Y の近傍に確率的に分布するはずだ。もし、この分布が平均 Y、標準偏差 σ の正規分布だとすれば、7 社から内定をもらえばそのうち 1 社くらいは $Y + \sigma$ の給与をオファーしてくるだろう。しかし、この $Y + \sigma$ をあなたの今の市場価値だと考えてはならない。$Y + \sigma$ の収入を前提にローンや生活レベルを設定してしまうと、何

らか理由で次の転職が必要になった場合に困ることになる[17]。

金銭的な報酬は典型的な**衛生要因**、すなわち最低限が保証されなければならないが、必要以上にあっても動機づけにはならない条件の 1 つだ。生活に困らないレベルの給与が提示されるのであれば、その多寡ではなく、やりたい仕事か、一緒に仕事がしたい人々がいる会社か、自分が成長できるか、を基準に仕事を選ぶのがよいと思う。

4.3.2　アカデミアの世界は？

研究者のキャリアを考える上で、大学や政府研究機関などのアカデミアは 1 つの有力な候補である。私は客員助教授として東京工業大学で 3 年間、教授として統計数理研究所で 5 年間を過ごしたが、アカデミアに来て強く思うことの 1 つに、若手の研究者が自分のキャリアを狭く考えすぎているのではないか、ということである。ポスドクをしながら、テニュアのポジションが空くのを待って、准教授、教授になり一生をアカデミアで過ごすのも 1 つの人生だと思う。それは決して否定しないし、信念を持った研究者が進むべき道だと思う。しかし、少し目を広げてみれば、社会には多くの機会がある。自分の環境を変えることには勇気がいるが、環境の変化はまた、学びのチャンスでもある。ぜひ、視野を広げて様々な機会をつかまえてほしいと思う。

米国ではアカデミアと民間企業の間の人材交流が活発だ。最近は日本でも少しずつ、アカデミアから民間へのキャリアパスが広がっているように感じる。私自身、アカデミアである統計数理研究所から民間企業である PFN に転職したし、PFN には 2 章で紹介した秋

---

[17]　このような状況は、スポーツ競技で典型的に現れる。ある試合で（ランダムな要素によって）大活躍した選手は、次の試合ではその選手本来の平均的な成績に終わることが多い。これを**平均回帰**と呼ぶ。

葉を含めて、何名もの研究者がアカデミアから移ってきている。今後も、より人材の流動性が上がることを期待したい。

4.4 学生時代に学んでおくこと

　学生時代には、まず基礎的な学力をつけてほしい。IBM 東京基礎研究所の初代所長だった小林久志さん（前出）は折に触れ、「数学と語学は若いうちにしかできないから、早く勉強するように」ということをおっしゃっていた。確かにそのとおりだと思う。数学はあらゆる科学技術で使われる基本的な道具立てである。解析、代数、統計、論理学など、どれをとっても、皆さんの研究者人生の中で必ず必要となる時期が来るだろう。私はもともと自然言語処理が専門で、形式言語理論や論理学がそのベースになっていたが、90 年頃からは統計的手法が主流になってきた。私は離散数学は比較的得意だったが、線形代数が苦手で、後になって何度も苦しむこととなった。研究職についている限り、数学は避けては通れない。数学の基本的素養は、大学在学中に身に着けてほしい。

　英語についても同様である。好むと好まざるとに関わらず、科学技術研究における世界の公用語は英語である。もし皆さんが世界で通用する研究者になりたいのであれば、英語は避けて通れない。英語に関しては私は 3 つのアドバイスを差し上げたい。

　さし当たって研究者を目指す皆さんにとって最も大切なのは、英語を読む力である。もちろん英会話も重要だが、まずは専門書や論文を読む力がないことには話にならない。読む力をつけるためには、たくさん本や論文を読まなければならない。論文を読む際に、最初の文からわからない単語を一語一語全部辞書で引いて読もうとする人がいるが、これはあまり効率の良いやり方ではない。たとえ日本語で書かれたものであったとしても、論文を最後まで読んでから初

めて、論文の最初の数行が何を言おうとしているのかわかる、ということがあるだろう。むしろ、最初はわからないところは読み飛ばしながら、論文全体の組立てを理解することに努めるのがよい。何が前提条件なのか、どのような提案をしているのか、どのような実験結果が得られたのか、結論は何か、というようなことがおぼろげながらにわかってくれば、個々の英文も読みやすくなってくるはずである。その上で、繰り返し出てくる重要なキーワードから辞書を引いていく、という作業をするのが効率が良いだろう。

メールを英語で読み書きする力も重要だ。研究分野によっては、主要な情報がメーリングリストで入ってくるようなところもある。メールで使われる英語は、教科書や論文で使われる英語とはまた少し違って、くだけた表現などもあり、慣れが必要である。例えば、英語のメーリングリストでのディスカッションでよく使われる表現に、"IMHO" というものがあるが、これは "In my humble opinion" の略で、「私の個人的な意見によれば」のような意味となる。このような、「メール英語」を覚えるには、まずは英語のメーリングリストに参加するのがよいと思うが、これは必ずしも研究領域のメーリングリストでなくてもよいかもしれない。私の趣味の1つはラジコン飛行機を飛ばすことであるが、ラジコン飛行機のメーリングリストで毎日流れてくる英語を読んでいるうちに、このようなメール英語が身についてきたという経験がある。メール英語が身に着けば、今度は自分でメーリングリストに発信することができる。このようにして、3.5節で触れたような、国際コミュニティでの存在感を出していくことができるようになる。

3つ目はもちろん、会話能力である。これはやはり、使ってみるしかないだろう。もし、学生時代に海外へ行けるチャンスがあれば、是非それをつかまえるべきだ。そうでなくても、最近は大学に多くの留学生が来ているはずである。同じ研究室、あるいは近くの研究

室に日本語がまだあまりうまくない留学生がいたら、友人になることを強くお勧めする。ある程度親しくなって、ほぼ毎日話すようになれば、片言の英語でもお互いに理解しあえるようになるはずである。そうなれば、意識しないで英語が出てくるようになるだろう。ベストなのは、英語で話す恋人を持つことだと聞いたことがある。こればかりは思うようにいかないことだとは思うが…。

　数学、英語に加えて、専門科目もしっかり勉強しなければならない。さらに、企業人を目指すからには、企業活動を理解できる素養を身に着けることも大事である。そのためには、人文系の科目にも一通り興味を持ってもらいたい。社会学、経済学、経営学などの科目を、機会を捉えて履修してみたらどうだろうか。また、最近は、技術経営（MoT）のカリキュラムを充実させる理工系大学が増えてきている。研究開発、製品化、資金調達、人材育成、知財・特許戦略、イノベーションなどの科目を学習しておけば、企業の研究者にとって、いずれ役に立つことだろう。

　大学の授業では、試験によって成績をつける代わりに、レポートの提出を求めることが多い。これは皆さんにとって文章構成の力をつける良いチャンスだ。レポートにもいろいろあるが、「XX について考えるところを述べよ」のようなレポートは、短いながらもれっきとした論文である。自分の主張したいことをまず定め、それに対して論を張る、という論文構成力の訓練に使ったらどうか。「良い論文の書き方」のような本や Web ページがたくさんあるので、これらを参考にするとよいだろう。

　学部 4 年になって研究室に配属されたら、2 章で述べたような研究のやり方について学ぶことも重要である。これについては良い教科書があるわけではない。良い先生、良い先輩について学ぶしかない。企業の立場から見ると、どの研究室に所属していたかによって、出身者の研究力が大きく違うように思える。その結果、どうしても

採用するのも特定の研究室の出身者に偏りがちになる。だとすれば、企業の研究者を目指す学生の立場としては、目標とする企業により多くの出身者を送り込んでいる研究室に所属するのが良い戦略かもしれない。

4.4.1 博士課程に進学すべきか

企業の研究者をめざす学生と話していてよく聞かれるのが、「博士課程に進学すべきか」という質問である。原則的に私は「イエス」と答えることにしている。2章で述べたように、博士号を持つ者には、研究を提案する力、研究を実施する力、研究をまとめる力、という「研究力」が備わっている。少なくともそのはずである。だから、研究者としての人生を踏み出す上で、まず博士号を取得しておくのは正しい戦略といってよい。

博士課程に進学するにあたっては、修士課程以上にどの指導教官につくかが重要であるように思う。ときどき、特に日本の博士課程の卒業生の中には、指導教官の指示のままに研究し、論文を書き、学位を取得している人がいるようだ。このような人は、学位は持っているものの、専門分野が極めて狭くて、柔軟性がないように思える。このような「タコツボドクター」は、いくら良い業績を出しているとしても、企業としては採用しにくい。一方、良い先生の下では、研究分野全体に対して広い知見を持ち、自分の研究の位置づけをよく理解したうえで研究できる学生が育っているように思う。このような学生は企業に入っても柔軟性があり、新たな研究分野にも積極的に入っていけるのだ。

日本にはポスドクがあふれていて、博士課程に進学しても就職先がないのではないか、と心配する向きもあるだろう。10年前までは、日本の多くの企業は「専門バカ」になりがちな博士課程の学生よりは、まだ頭の柔らかい修士課程の学生を採用し、長い時間をかけて

育てることを好む傾向があった。しかし、このような考え方は徐々に変わりつつある。今後の研究者の労働市場はもっと流動的になってくる。博士号取得の後、ただちに希望するポジションがなかったとしても、有期契約の助教などの、いわゆるポスドクのポジションが増えてきているので、それほど心配することは無いだろう。むしろ、レジュメに書ける業績を積んでいって、自分の市場価値を高めていくことが大切なのではないか。

博士号を取得することは、研究者として重要であるが、必ずしも修士を出た直後でなくてもよいかもしれない。一度企業に就職してしばらく仕事をした後、必要であれば社会人博士コースに再入学して博士号を取得する、ということが可能だからだ。最近は各大学も社会人博士コースを充実させている。私自身も、会社に入って 12 年たってから京都大学から学位をいただいた。

東京工業大学と統計数理研究所で勤務した経験から言えば、博士課程の学生の中では、社会人のほうが、博士号取得に真剣であるように思える。これは、社会に出て、研究がどのように世の中の役に立つかを知ってから研究を行ったほうが、よりモチベーションの高い研究ができるということかもしれない。同じことが、高等専門学校を出た学生にも言えそうだ。私の印象では、高等専門学校を出てから大学院へ進学した学生は、もともと学部から大学にいた学生に比べて、理論的な勉強に対するモチベーションが高いようだ。高等専門学校で、科学技術がどのように実地に利用されるかを学んだ後で、ではその技術を可能にする理論は何か、という興味を持って学べるからなのではないかと、私は思っている。実は私の経験でも、自分の開発するシステムの中で真に必要になったときに独学で学んだ基礎理論は、最も身に着いたものになったようである。

博士課程に進学するチャンスがあれば、まず考えてみるとよい。その際、いろいろな大学にいろいろな先生がいるので、進学先を狭

く考えずに、周りの人から評判を聞いてみよう。逆に、修士卒で企業に就職しても、その後、社会人博士コースに入学して学位を取得する道もある。そのようなことが許される、あるいは奨励される企業であるのならば、就職も良い選択肢であろう。

4.4.2　企業について知る

日本の民間企業における研究者の数は 45 万人だそうである。このような研究者を持つ企業の数も大変なものだろう。この中から、どの企業に応募するかを皆さんは考えていかなければならない。

企業について知る最も良い方法は、**インターンシップ**だと思う。現在では多くの企業が主に夏休みに数週間のインターンシップのプログラムを持っている。PFN でも、毎年数十名のインターンシップ学生を国内外から受け入れている。企業の研究所におけるインターンシップでは、実際の研究現場で、研究者と一緒に研究するので、学生の立場から見れば、研究の現場で何が起きているのかをよく理解できる。一方、企業の側としても、やる気のある学生の力を数週間とはいえ戦力として活用できるし、さらに、もし本当に優秀ならば採用に向けて動き出すことも可能である。学生、企業の双方にとってメリットのある仕組みであるといえる。

企業のインターンシッププログラムの中には、2～3 日の会社説明会に近いものもあるので注意が必要である。研究者にとってのインターンシップとは、少なくとも数週間、その企業の中の研究プロジェクトに参加して社員と一緒に研究する、という形態でなければならない。

このようなインターンシップは通常年に 1 回しか経験できないので、多くの企業を知るわけにはいかない。より多くの企業の研究について知るには、学会等に参加してみるのがよいだろう。興味のある企業の研究者の研究発表を聞き、できれば質問してみることだ。

場合によっては、「それほど興味があるのならば、一度研究所に来てみませんか」と誘われることだってあるだろう。同様に、自分が学会で論文発表を行うのも効果がある。興味を持った企業の研究者が声をかけてくれるかもしれないからだ。

学生と話していて残念に思うことの1つに、学生が企業をその知名度で判断しがちなことである。消費者を顧客とする製品・サービスを持っている企業はおおむね人気が高く、他の企業を主な顧客とする、いわゆる**ビジネス・ツー・ビジネス**（B2B）の会社や、スタートアップ企業は、学生（あるいはその家族）からの人気が低い傾向にあるように思う。残念なことだ。現代の産業では、消費者に見える形の最終製品・最終サービスの裏に、非常に複雑なバリュー・チェーンが隠れている。部品や材料のメーカー、製造装置や検査装置のメーカー、非常に高度な技術を持ちながら自らは製品を製造しないエンジニアリング会社、IT業界で言えばシステム・インテグレーターやコンサルティング会社などである。これら消費者に見えない会社の多くは、独自の研究開発部門を持ち、高度な研究開発を行い、世界の市場で活躍している。現代の産業構造をよく理解し、このような隠れた優良企業を探してみるのも大事なことだと思う。

▌ 4.5 自分の市場価値を高める

研究者として、市場価値を高めるにはどうしたらよいだろうか。アカデミアにおける採用では「業績」すなわち出版した論文や書籍の数や質が問われるが、企業の採用においてはそれだけではない。論文の数は多くてもマターする研究を遂行する力がない研究者はいくらでもいるし、逆に論文はほとんどなくても、オープンソースソフトウェアなどで優れた成果を出している人もいるからだ。

大事なのは、組織の壁を超えた研究者コミュニティの中で"あの

人はすごい”という一定の評判を得ることだ。注目を浴びる論文を書くことはその1つだが、それだけではない。オープンソースソフトウェアで活躍する人（Rubyのまつもとゆきひろさんを思い出してほしい）、標準化活動で存在感のある人、学会で活躍する人、Qiita[18]のブログなどネット上のコミュニティで知られている人、などである。これらの人々は、企業から見て価値が高い。したがって、コミュニティの中で存在感を高める努力は常に行うべきだ。

研究コミュニティの中で存在感を出す1つの場が**学会**である。学会での活動には、研究会や研究集会への参加のほかに、論文の査読や、学会の様々な役割（研究会の幹事・主査、学会の理事・役員、国際会議のプログラム委員など）への貢献がある。このような活動を通して“あの人と一緒に仕事をしたい”と思ってもらえるようになれば、少なくとも研究のコミュニティの中での自分の市場価値が高まる。

いわゆるアカデミックな学会でなくても、最近ではエンジニアのコミュニティも活動の幅を広げている。シリコンバレーでは企業の壁を超えてエンジニアが集まって勉強会を開く**ミートアップ**という集会が日常化しているという。日本でも、毎日のようにエンジニアのミートアップが開催されている[19]。PFNでも様々なミートアップを開催したり、会場を提供したりして、このような活動を支援している。

日本企業の中には学会活動やコミュニティ活動に消極的な会社もある。学会活動やコミュニティ活動を通して自社の機密情報が流失するのを恐れるのがその1つの理由である。残念ながら、そのような会社は良い研究者を惹き付けることはできない。学会活動やコ

---

[18]　https://qiita.com/

[19]　たとえば、https://connpass.com/ はIT系エンジニアのイベントのハブとなっている。

ミュニティ活動は研究を推進する原動力の1つであり、それを制限することは研究者の市場価値を奪うことになるからだ。

　学会活動、コミュニティ活動はあなたの市場価値を高める重要なツールだ。ぜひ"あの人と一緒に働きたい"と思われる研究者になっていただきたい。

■ 4.6 人生を評価する

　あるとき、子供を出産したばかりの女性研究者から「仕事と家庭のどちらを優先すべきか？」と聞かれた。私は、迷うことなく「家庭です」と答えた。今では彼女は3人のお子さんの母親であり、同時に第一線の研究者として活躍している。

　長い研究者人生の中で、結婚・出産・子育て・介護などのライフイベントが訪れることもあるだろう。特に子育ては、研究者として油の乗っている時期に重なることが多いから**ワークライフバランス**に悩むこともありそうだ。妊娠・出産は女性の負担が大きいのだと思うが、子育ては男性も女性も分け隔てなく分担するのが当り前の時代になっているから、女性研究者だけでなく男性研究者からもワークライフバランスに関する相談を受けることがある。

　子育てが一番大変なのは、生まれて1〜2年の間だろう。生まれて数ヶ月は、両親は夜もろくに眠れないし、保育園に行き始めても、他の子から病気をもらってすぐに熱を出してしまう。同僚の研究者が次々に素晴らしい成果を出しているのを横目に、自分はミルクをやったりおむつを替えたりしていると、焦る気持ちを持つのもわからないではない。

　しかし、子供と向き合う時間は親にとってかけがえのない時間である。「子供は3歳までに一生分の親孝行を終える」という言葉は本当にその通りだと思う。もちろん研究も大事だ。「研究は私のライフ

ワークです」とあなたは言うかもしれない。もしそうであれば、40年の職業研究者としての生涯（加えて、老後に趣味で研究を続ける人もいるから、もっと長い研究者人生）のうち、高々数年を子育てに使うことに何の未練があろうか。

そもそも、自分の人生は何のためにあるのだろうか。ここで、経営学の大家が書いた興味深い論文（本）を紹介する。

4.6.1 人生を評価する

クレイトン・クリステンセンは『イノベーションのジレンマ』という本で一躍有名になったハーバード・ビジネス・スクールの教授である。彼が 2012 年に書いた論文 "How Will You Measure Your Life?" はしかし、イノベーションの話でも、経営の話でもない。人生論である。彼は、ハーバード・ビジネス・スクールの同級生の多くが、エンロンのスキャンダルの当事者となって投獄されたり、離婚を繰り返したりして、不幸な人生を送っていることに心を痛め、なぜそうなってしまったのかについて考える。クリステンセンは問う。自分の家庭や人生をマネージすることができなくて、どうして企業の経営ができようか。

この論文は後に、加筆されて単行本として出版された [15]。彼は経営学の専門家としてのプライドにかけて、人生のマネジメントにも経営学の理論が適用できるはずだと主張する。人生には、企業経営と同じように目標があるはずだ。あなたの人生のゴールは何だろうか。誰よりも金持ちになることだろうか。大企業の社長になってリーダーシップを発揮することだろうか。それとも、幸せな家庭を築いて誰からも愛される人になることだろうか。

この「自分の人生のゴールは何か」を真剣に考えることはあまりないかもしれない。「人生のゴール」が重すぎる問いであるならば「自分が一番大切に思うことは何か」でもよい。研究者としては、自

分の研究で大きな成果を出すことが人生のゴールと思うかもしれない。でも、それは友人や家族や自分の誠実さなど、他のすべてを犠牲にしてもよいゴールだろうか。よく考えてみるとよい。

ゴールがはっきりすれば、自分がそのために何をすべきか、自分の「経営資源」すなわち自分の時間や集中力を何に投資すべきかが見えてくる。そこには様々な経営理論の考え方が使えるはずだ、というのがクリステンセンの主張である。

人生を経営学のレンズで見るとどうなるか、という視点は大変興味深い。では子育ての話に戻って、子育てを研究者のレンズを通して見ると何が見えるだろうか。

4.6.2　子育てと研究

アリソン・ゴプニックは UC Berkeley の発達科学の研究者だ。彼女自身、3 人の子供を育て、今では 3 人の孫がいる。彼女は『思いどおりになんて育たない：反ペアレンティングの科学』という本［16］で、子育てにおける親の役割を分析している。

ペアレンティングとは不思議な言葉である。Parent（親）という名詞を無理やり動詞化したもので、強いて言えば「親する」ということだろう。「子供をこのように育てるにはこうしなさい」というようなハウツーを指す言葉らしい。だが、ゴプニックによれば、子供は親が与えるものよりも、はるかに多様な刺激を外界から得て育つらしい。幼児期の子供はあえて集中力を散漫にすることで、外界からのあらゆる刺激を等しく受け入れ、そこから自分にとって重要なものを学習していくのだという。これは研究者が行う探索のフェーズに似てはいないだろうか。大人になると、重要なことに対する集中力が増し、その結果として効率よく生産したり、価値を産んだりすることができる。これは利用のフェーズに相当する。

このように考えると、探索による学びを行っている子供に対して、

枠にはまったゴールを与えるのは間違いだ。子供が安心して探索できる環境を与えることこそが、親の役割だと彼女は主張している。探索の結果どのような大人に育っていくのかは、コントロールできない、だから「ペアレンティング」は忘れたほうがよい、というのが最新の発達科学が教えるところなのだ。「自分の子育ては正しいのだろうか、研究にかまけていて自分は十分に子供に愛情を注いでいないのではないか」と悩む研究者がいるとすれば、この本を読むべきだ。研究者のレンズから子育てを見れば、そもそも「正しい子育て」などという概念はナンセンスだということがわかるだろう。子供は育てるのではない。育つのだ。

　私の妻の丸山直子は大学教員で研究者でもある。私たちは2人の子供にめぐまれ、彼らは妻の実家と保育園に助けられながら育っていった。私たち夫婦は共にフルタイムの仕事を続け、その意味では子どもたちに十分に目が行き届かなかった面があるかもしれない。それでも2人とも立派に育ち、今では出版社の編集者と、スタートアップ企業の創業者で、それぞれ子供がいて、次の世代を育んでいる。

4.7 寄稿記事「それも1つの研究者人生」

　この章を締めくくるにあたり、私自身の研究者人生を振り返ってみたい。次に紹介するのは、私が2015年に人工知能学会誌に寄稿した記事[20]に加筆修正したものである。学部4年から考えれば、本書執筆時点でちょうど40年の研究者人生である。それは、無限の可能性の中の1つの事例にすぎないから、読者の皆さんの参考になるかどうかはわからない。長くなるが、お付き合い願いたい。

---

[20]　『人工知能』、30巻5号（2015年9月）。

　キュリー夫人やiPS細胞の山中教授など、科学史上優れた業績を上げた研究者の多くは、強い信念を持って研究に取り組み、長年に渡って粘り強く成果を積み重ねることで、輝かしい業績を上げてきた。強い信念とあきらめない心は、成功する研究者の重要な要素であり、そのような資質を持つ研究者に対して私は畏敬の念を覚える。私は決してそのような人にはなれないが、一方、すべての研究者がキュリー夫人や山中教授でなければならない、というわけでもないだろう。

　研究者には様々なスタイルがあり、様々なキャリアがある。本稿で述べる私の研究生活、その中で得られた貴重な出会いとチャンスが、読者が自分なりの研究者人生を考える上でのヒントになれば幸甚である。

研究者への道

　私が初めてコンピュータに触れたのは高校時代であった。当時としては画期的なことであったと思うのだが、通っていた高校の数学研究同好会に OKITAC4300C というミニコンがあり、自由に使うことができた。私はそれまでラジオ少年であり、電子工学に興味を持っていたが、このコンピュータで FORTRAN やアセンブリ言語のプログラミングをするうちに、計算機科学を学びたいと思うようになった。当時数学研究同好会の先輩であった西野文人氏（2019年現在は富士通）が、計算機科学を学ぶならば、東京工業大学の情報科学専攻に行くべきだとおっしゃったので、西野先輩の後を追って東京工業大学の情報科学科へ進学した。当時情報科学科を持っていた大学は少なかったのだと思う。

　研究室は木村泉先生の研究室を志望して配属されたが、私にとっ

てラッキーだったのは、その当時 MIT の C. Hewitt のラボから帰国したばかりの米澤明憲先生が助手として木村研にいらっしゃったことである。そこで米澤先生から渡された一冊の本が、テリー・ウィノグラードの、*Understanding Natural Language* [17] であった。

　この本は初期の自然言語理解の金字塔、SHRDLU システムについての博士論文を本にしたものである。SHRDLU は "Pick up the big red block" などという英語を理解し、図 9 のようなコンピュータのグラフィック画面上で実行するものである。図では赤いブロックは 2 つあり、どちらが、"the big red block" であるかを理解しなければならないし、このブロックを持ち上げるためには上の緑のブロックをあらかじめ別の場所に移動しなければならない。

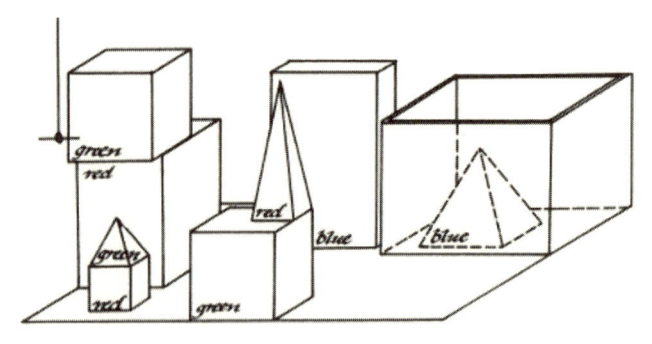

図 9.　自然言語理解システム SHRDLU の画面 [17]

　このように、SHRDLU は、構文解析、意味解析、文脈解析、プランニングを統合した、私にとっては夢のようなシステムであった。

　修士論文のテーマを考えるにあたって、「SHRDLU が開発されたのは 1970 年ころのことであり、それから 10 年以上経って、人工知能の様々な技術、特に論理型言語 Prolog の進歩が著しいので、同様のシステムを最新のテクノロジで作ったらどうなるか」という課題を米澤先生からいただいた。このため、私は Prolog で自然言語理

解システムを構築することを修論で行なった。

当時第 5 世代コンピュータプロジェクトが始まろうとしていて、東京工業大学にも電子技術総合研究所（現在は産業技術総合研究所）から松本裕治先生（2019 年現在は奈良先端科学技術大学院大学）が Prolog によるボトムアップ構文解析器 BUP の講義に来られたり、また、国産の Lisp や Prolog 処理系を開発されていた東京大学の近山隆先生や中島秀之先生を訪ねて、プログラムの磁気テープをいただいたりして、世の中にはすごい人たちがいるのだと思った。

研究は面白かったが、私は自分が研究者になるとは思っていなかった。就職活動は、今まであまり研究室の先輩が行っていない会社が面白かろうと思い、システムズエンジニアになるべく日本 IBM に応募した。1982 年のことである。私は知らなかったが、日本 IBM はその年、東京に研究所（ジャパン・サイエンス・インスティチュート）を設立していて、初代所長小林久志氏の下で急速にその陣容を拡大していた。日本 IBM の人事担当者は、私が当時まれな情報科学科の修士課程の学生だと知ると、SE ではなく研究所の面接に行くように、と私に言った。これが私が研究者になるきっかけであった。

自然言語処理

私が入社当時から取り組んだのは、修士研究の延長上で、自然言語処理である。当時 IBM Research には、米国に Watson 研究所と Almaden 研究所、スイスに Zurich 研究所があり、またドイツ、イギリス、フランスなど各国にサイエンティフィック・センターと呼ばれる、研究所に準じる組織があった。ジャパン・サイエンス・インスティテュートは、研究所とサイエンティフィック・センターの中間のような位置づけであったと思う。

IBM のようなグローバル企業の研究所で働くことの 1 つのメリットは、世界的な研究者と気軽に話ができることである。当時は、ま

だインターネットが無かったが、社内にはメインフレームをネットワークで繋いだ VNET というシステムがあり、そこで電子メールの交換をすることができた。当時から PLNLP（Programming Language for Natural Language Processing）というシステムの上で英語の構文解析器を開発していたカレン・ジェンセンとジョージ・ハイドンや、私と同じように Prolog で自然言語処理システムを開発し、当時人工知能の最高峰の論文誌である *AI Journal* に論文が掲載されたマイケル・マコードなどは憧れの存在であった。

SHRDLU はある限定的なシチュエーションで、決められた範囲の構文・意味を扱うのに成功したが、自然言語理解を一般的に行うのは到底無理だと悟ったのもこのころである。そこで、私は研究の焦点を、機械翻訳、それも日本語の文法解析に置くことにした。当時、自然言語の解析はチェムスキーの句構造文法に基づくものが主流で、日本語のように係り受けをベースにした言語に適した文法理論がなかなか見つからなかった。そこで、係り受けとそれに関する制約をベースに、**制約依存文法**という形式言語理論を構築した。

私はもともと理論よりはプログラミングのほうが得意であった。しかし、新しい文法理論を論文にして認めてもらうには、弱生成力や構文解析の計算量など、理論的な証明も行わなければならない。東京基礎研究所には、理論に強い優れた研究者が何名もいて、当時同僚だった森下真一氏（2019 年現在は東京大学医科学研究所）や、先輩だった岩野和生氏（2019 年現在は三菱ケミカルホールディングス）には、理論的な面でずいぶんお世話になった。

それまで、国際会議に何度も論文投稿してことごとく失敗していた私だったが、入社後 7 年たった 1990 年に、この制約依存文法の論文が ACL（Associations for Computational Linguistics）の会議に採択され、それ以降は順調に論文が採択されるようになった。そのような国際会議の 1 つで、当時京都大学の長尾眞先生（その後、

京都大学総長になられた）にお会いした。長尾先生は私の発表をことのほか気に入って下さり、夜に他の自然言語処理研究者と共に食事に行った、モントリオールの中華料理レストランで、私に「学位を取らないか」と誘ってくださったのである。

XML・セキュリティ

　私が京都大学から博士（工学）の学位をいただいたのは、長尾先生からお声がけいただいてから 5 年後の 1995 年のことであるが、その頃には自然言語処理の研究には行き詰っていた。自然言語は例外の塊で、当時多くの研究者が試みていた文法ベースの自然言語処理では限界があった。統計的自然言語処理や事例ベースの方法論も現れ始めていて、私も少し試みたが、大きな改善にはつながらなかったし、何より当時の精度では、実際に役に立つアプリケーションが見つからなかった。

　せっかく自然言語処理の研究で頂いた学位だが、私は他の分野にいろいろ手を出した。文献検索、手書き文字認識、マルチメディアなどである。そうこうするうち、東京基礎研究所の所長が前述の岩野さんになった。岩野さんは、私の自然言語処理の研究を通して私がプログラミングもできるし、理論もある程度わかることをご存知だったのだろう。研究所の企画管理の仕事をしないか、と誘ってくださった。小さいながらも 3 名の部下のいる、私にとって最初のマネジメントポジションであった。

　研究所の企画管理の仕事は、ほとんどの時間は資料の整理などの、いわば雑用であったが、およそ 200 名の研究者が IT の各分野で活躍している東京基礎研究所で、物性・半導体からコンパイラ、グラフィックス、音声認識、アルゴリズム理論、ソフトウェア工学まで幅広い分野の最先端の研究に触れることができた。

　企画管理の仕事をおよそ 1 年やった後、岩野さんは私を、長年希

望していた海外勤務に派遣してくださった。行ったのは、ニューヨーク州にあるインターネット事業部であった。ここは研究部門ではなく、ソフトウェア製品の開発をやっているところであり、私はそこでシリコンバレーのスタートアップ企業のインターネット関連の技術評価をしたり、製品の開発チームに入って開発を行ったりした。ここで出会ったのが、XML と公開鍵暗号系という 2 つのテクノロジーである。

1 年間の海外勤務を終えて帰国した私は、2 年間のブランクを経て、また研究の現場に戻った。小さいけれど、浦本直彦氏（2019年現在は三菱ケミカルホールディングス）、田村健人氏（2019 年現在は Google）という優秀なメンバーに恵まれたグループで、XMLの技術開発を始めたのである。同時に、東京工業大学の客員助教授のポストをいただいた。米国に発つ前に大きな病気をしていたのであるが、東京工業大学の田中穂積先生（2009 年ご逝去）が「IBMにいたら体を壊すので、大学に来ないか」と誘ってくださったのである。このようにして、週の 3 日を IBM 東京基礎研究所で、残りの3 日を大学で過ごすという二重生活を始めた。

大学では、インターネットセキュリティを研究テーマに置き、特にダウンロードされたソフトウェアの安全性とコード署名について研究した。その過程で当時の Netscape ブラウザと、Internet Explorer にコード署名に関する脆弱性を発見したこともあった（図10）。

この二重生活は、私に大きなチャンスをもたらした。XML とセキュリティはどちらもホットな研究トピックであったが、それら双方に精通した研究者は限られていた。私たちのチームはソフトウェア事業部のアンソニー・ナダリン、メアリーアン・ホンドーらと共に IBM を代表して XML と Web サービスのセキュリティについての技術開発と標準化を進めることができた。

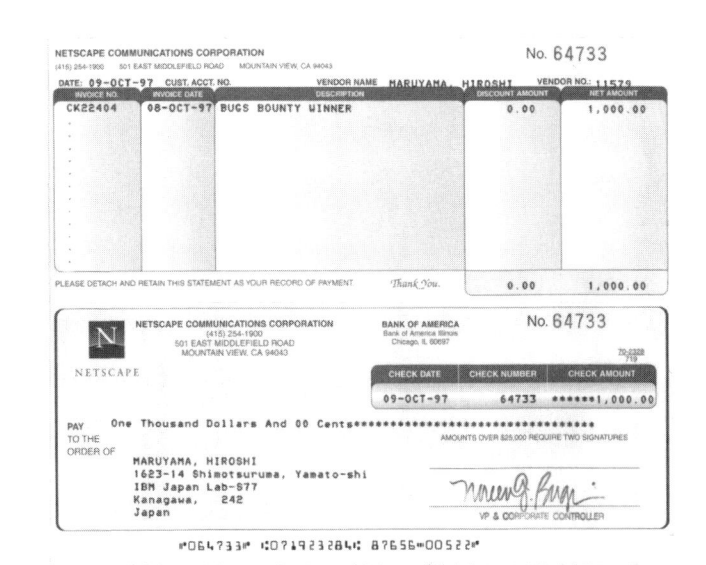

図 10. 脆弱性通報に対する Netscape 社の報奨小切手

　この時期、IBM のグローバルチームの中で、XML とセキュリティの両面で存在感を出せたのは大きな喜びだった。必ずしも学術的な論文につながる成果だけではなかったが、自分のやっていることが世の中にインパクトを与えているという実感があった。もちろん、私の力だけでなく、XML で言えばボブ・シュロス、ノア・メンデルソン、村田真氏、セキュリティで言えばチャールズ・パーマー、マシアス・カイザーズワース、マイケル・ワイドナー、など世界的な研究者との組織の壁を超えたネットワークの成果であり、それはIBM のようなグローバル企業でこそ味わえる醍醐味であったともいえよう。

　一方、民間企業においては、基礎研究部門といえどもビジネスへの貢献が求められる。IBM のビジネスの比重がコンサルティングやシステム構築・運用などのサービスに移ることに呼応して、IBM

Research でもお客様とのプロジェクトに直接関わる機会が多くなってきた。東京基礎研究所でも当時の上司が研究員をコンサルティング部門に送り込もうとしていた。私は、研究者としてのキャリアを歩み始めたばかりの若手を、いきなりコンサルティング部門に出向させるのには反対した。当時の上司が「では君が行くかね」と言うので、私は「わかりました。行きましょう」と答えた。

コンサルティング

かくして、私はコンサルティング部門に出向した。とは言っても、コンサルティングなどというのは初めてである。当時 IBM コンサルティング部門には、かなり充実した研修プログラムがあり、およそ 1 ヶ月のオンライン研修と、1 週間の合宿研修を通して、コンサルティングの基礎を学んだ。

コンサルティングというのは不思議なビジネスである。お客様にとってベストな解を求められているかというと、必ずしもそうではない。時には、自分ではベストと思わなくても、お客様が納得できる解を提示することもある。うがった見方をすれば、コンサルタントの仕事としては、お客様がもともと潜在意識下に知っている解を引き出し、明文化し、それに合理的な意味づけができればよいのだ、という人もいる。常に論文など客観的な尺度で勝負しなければならない研究者とは、根本的に違う価値観だともいえる。

最後の合宿研修では、ファシリテーション、プレゼンテーション、ネゴシエーションなど、徹底的にコミュニケーション能力を叩きこまれたが、これは今でも大変役に立つスキルであり、そのことだけでも、コンサルティング部門に出向したことに感謝している。

私が配属されたのは、セキュリティ・コンサルティングのチームであった。当時、大木栄二郎氏（2019 年現在は工学院大学）が**情報セキュリティマネジメントシステム**（ISMS）に基づくセキュリ

ティ・マネジメント・プラクティスを立ち上げていて、私は大木さんの下で大いに学ばせていただいた。セキュリティは、暗号など個別の技術だけでは守れない。ポリシーを設定し、そのポリシーに従ってシステム全体を設計し、新たな脅威や脆弱性に対して常にPDCA サイクルを回していく、というマネジメント・プロセスの考え方が重要だということを知った。個別技術の研究をしている研究者には、なかなか理解し難い全体像である。

　実際のお客様とのエンゲージメントにおいては、お客様のプロセスの実態を知るために、様々な部署にインタビューに行く。それまで、会社といえば IBM しか知らなかった私にとって、毎回のインタビューが、"へぇ〜" と思うことの連続であった。

　セキュリティ・マネジメントを導入しようとしているお客様だけでなく、セキュリティ事故が起きたお客様からの依頼で緊急に対策に入る案件もあった。大量の顧客情報が流出したあるお客様に呼ばれたことがある。どこから流出したのかは、結局わからずじまいだったが、1 つわかったのは、そもそも顧客情報がどこにあるのか誰も把握していない、ということであった。もちろん、顧客データベースには全件揃っているのだが、各地区の営業担当者が、自分の地区のお客様のデータをマスタデータベースから抜き出して自分のパソコンに入れて利用している、などということが散見されたからである。このことを知った私は、古巣の東京基礎研究所の自然言語処理研究者に依頼して、パソコンのファイルシステムをスキャンして個人情報の多いファイルをリストする、というツールを作ってもらった。自然言語処理の中でも、氏名や住所などの固有名詞情報を抜き出すのは、それほど難しくない。現実世界でのアプリケーションに苦慮していた自然言語処理技術であったが、お客様の現場に出てみると、意外と新たな使い道があるのだ、と思った一例であった。

　およそ 1 年間のコンサルティング部門出向を終えて東京基礎研究

所に戻ってきた私はシニア・マネージャーになっていた。2006 年 2 月のある日曜日の朝、自宅に当時 IBM Research 部門のトップであるポール・ホーンから電話がかかってきた。「東京基礎研究所の所長にならないか」という内容だった。

研究マネジメント

　IBM に応募した時には研究者になることは想定していなかったが、入社以来基本的には研究部門にいたので、私は一生研究者であるのだろう、と漠然と思っていた。シニア・マネージャーにはなったものの、心の中では自分はまだ現役の研究者であるつもりでいた。だから、所長にならないか、というポールの言葉は私にとっては青天の霹靂であった。しかし、「チャンスを与えられたらそれを迷わずつかむ」というのが私のモットーである。ためらわずに「やらせてください」と言ったのであった。

　当時、IBM には「エグゼクティブ」と呼ばれる人が全世界に 3,000 人ほどいたのだと思う。私はこの「エグゼクティブ」の一員としてさらに、組織の作り方、戦略の立て方、組織の守り方、人材の育成などの教育を受けた。IBM のエグゼクティブ・チームの一員であることのメリットの 1 つは、IT 業界のビジネスや技術にどのような動向があるか、IBM のトップがそれに対してどのように考えているか、などの情報がリアルタイムで入ってくることである。例えば IBM Research では毎年 **Global Technology Outlook** という戦略文書を作成しているが、私は東京基礎研究所の所長としてその作成過程に深く関わった。そのような活動を通して、IT 業界全体を俯瞰して見る目、その中でどのようなテクノロジーが重要になるかを予測する考え方、などを学んだと思う。

　IBM のエグゼクティブのうち、私が最も尊敬するのが、IBM の技術者 20 万人を取りまとめていたニック・ドノフリオ である。日々

のビジネスの中でトップから降りてくる指示の中には、なかなか納得しがたいものもあったが、ニックは常に自分の言葉で、ニック自身も迷い、時には苦悩しながら、それでも会社のためにやらねばならないことを語りかけてくれた。リーダーシップとは何か、をニックから学んだと思う。

IBM Research は当時、Technology（主に半導体）、System（サーバとシステムソフトウェア）、Software（ミドルウェア）、Service、Solution の 5 つの分野で組織されていた。そのうちソフトウェア部門のトップが、元 CMU 准教授で、分散システムの専門家であるアルフレッド・スペクター（2013 年に Google を退職）であった。アルフレッドは分散処理が専門であったが、コンピュータサイエンスのあらゆる分野に精通して、しかも問題の本質を見抜くのが抜群にうまかった。私自身がいまでも目標にしている 1 つの研究者像である。

アルフレッドは、IBM Research 全体で合計 200 人近くもの研究者がバラバラに様々な自然言語処理プロジェクトをやっていることに疑問を感じ、これら多くの技術を統合するアーキテクチャ UIMA（Unstructured Information Management Architecture）の開発を指示した。この UIMA は、後にクイズ番組に勝つ質問応答システム Watson のベースとなった。

東京基礎研究所は当時およそ研究員 180 名の所帯であり、それぞれが一騎当千の研究者だったので、それらの研究者と技術的な議論を交わすのは刺激的で、とても楽しかった。180 名というのはちょうどよいサイズで、個々の研究員それぞれがどのような研究に携わっているか常に把握していられるし、一方で、この 180 名はコンピュータ・サイエンスのほぼ全領域をカバーしているので、何か思いつくとすぐにその分野の専門家と議論ができる、という環境だった。

組織の責任者であることはしかし、楽しいことばかりではない。当時いわゆる BRICS と呼ばれる新興国の台頭が激しく、相対的に日本の市場の地位が低下していた。それに連動して、IBM 研究部門でも人員のシフトが起きていて、東京基礎研究所も研究員の削減を余儀なくされた。私は不本意ながら、かなりの数の研究員に研究所を出て行くように依頼せざるをえなかった。それが一段落した後、我が身を振り返ると、自分がここに残っていてはいけないと感じた。そして、26 年間勤務した IBM を退職した。

統計・ビッグデータ

　その後、1 年ほどキヤノンに勤めたが、そこも辞めてしばらくは無職だったことがある[21]。日本のビジネスシーンにおいては、無職だということはかなりのハンディキャップである。そもそも電話をかけたときなどに「IBM 東京基礎研究所の丸山です」とか「キヤノンデジタルプラットフォーム開発本部の丸山と申します」のように名乗れないことには相当抵抗があった。

　そんなある日、あるパーティーで統計数理研究所の松井知子先生にお会いしたときに、「統計数理研究所に興味はないか」とお誘いを受けた。薬をもすがる思いで応募書類を書き、面接を受けて、大震災の直後の 2011 年 4 月に統計数理研究所に採用して頂いた。ちょうどビッグデータブームが花開き始める時であった。

　決して私は統計やビッグデータの専門家ではない。しかし、当時所長の樋口知之先生や、現所長の椿広計先生などのお考えを直接聞くことができ、私のそれまでの IT のバックグラウンドと合わせて、ビッグデータやアナリティクスに関する自分なりの世界観を形成することができた。

---

[21]　Google に応募していたのだが、キヤノン退職後に不採用の通知を受けた。

機械学習工学

　統計数理研究所でアナリティクスやシステムズ・レジリエンスの研究を行う傍ら、私は経済産業省や NEDO（新エネルギー・産業技術総合開発機構）などの政府系の委員会に呼ばれることがよくあった。これらの委員会である時、「クラウドコンピューティングに続く次の計算機アーキテクチャは何か」ということが話題になったことがある。私はそれまでそういうことを考えたことがなかったので、これは面白い問いだなと思い、いろいろな人に意見を聞いて回った。そのうちの一人が、現在 PFN 副社長の岡野原大輔だった。

　有楽町のスターバックスで彼に意見を聞いたら「これからはクラウドではなく、ネットワークの末端部分にデータが集まる時代が来る」ということだった。クラウドコンピューティングでは、データはクラウドと呼ばれるデータセンターに集まるとされている。データは価値が高いので、できるだけデータセンターに集めて共有するのがよい、というのが 1970 年以降のデータベースの教えだ。だから私は驚いた。

　しかし、よく考えてみれば当り前のことである。ネットワークにビデオカメラなどのセンサーがたくさん接続される IoT（Internet of Things）の世界では、データは大量に発生する。監視カメラのデータをすべてデータセンターに送ったところで、それらが使われる可能性は小さいだろう。だから監視カメラのデータは、それぞれの場所で保管されるのである。問題はデータの価値と、データを転送し格納するコストのバランスである。それを考えると、多くの場合、データはネットワークの末端に置くのが正しい。私たちはその考えを**エッジ・ヘビー・コンピューティング**と名付けた。エッジとは、ネットワークの周辺部を指す言葉である。せっかくそのような概念を思いついたので論文を書こうということになり、私たちは連名で論文を書いた。

岡野原はその時のことを覚えてくれていたのだろうと思う。彼らが 2014 年に PFN を設立した翌年、私を PFN に誘ってくれた。あいにく私は文部科学省のプロジェクトを含めて 2 つの複数年度に渡るプロジェクトを持っていたのですぐには転職できず、しばらくは PFN の顧問という立場だったが、これらのプロジェクトが終了した 2016 年に、正式に PFN の社員となった。

PFN は深層学習関連技術の研究開発で、日本では当時既にトップクラスの集団になっていた。深層学習は統計的機械学習の 1 手法であり、そのベースは統計モデリングである。私としては、図らずも統計数理研究所で過ごした 5 年間が、突如大きな価値を持つように感じた。コンサルティングの経験と深層学習を武器に、お客様からのいくつものプロジェクトを担当させていただいたし、論文や特許も書くことができた。さらに、現在は、深層学習を帰納的プログラミングと捉えて、その工学的ディシプリンを構築する「機械学習工学」という研究開発領域を打ち立てようと努力している。

おわりに

私は研究も行ったが、事業部で製品開発をしたり、コンサルティングをやったり、マネジメントも経験した。明らかに、キュリー夫人や山中教授のような「信念を持った研究者」ではない。私のような者を研究者と呼ぶのがそもそも間違っているのかもしれない。

にも関わらず、それはそれで 1 つの人生、あえて言えば研究者人生、と言ってもよいのではないだろうか。

大事なメッセージは、私の人生はあらかじめ計画されたものではない、ということだ。子育てと同様、自分の人生も思い通りにはいかない。それでよいのだと思う。

この章のまとめ

- 時代は変化していく。自分の分野に安住せずに、研究分野も大胆に変えていくこと。
- 長いキャリアの中で研究所内にとどまっていていけない。外の世界も経験してみよう。
- 転職は大きな学びのチャンス。常に転職の可能性を視野に入れよう。
- 学生時代には、数学・語学など陳腐化しないスキルを身につけることが大切。
- 研究はあなたの人生の一部にしかすぎない。人生の目的を考えてみよう。

第 5 章

リーダーシップに
ついて

Research That Matters

たとえ一生涯研究者のキャリアを貫けたとしても、シニアになるにつれてリーダーシップを発揮することが求められるのは当然である。だんだん職位が上がれば給料も上がり、会社から求められる期待値も上がってくる。一方、研究者個人として出せるアウトプットのピークは30代くらいまででではなかろうか？　その先は、自分の影響力で他人を巻き込んで、より大きな仕事をしていく、というスタイルになる。これは必ずしもライン・マネジメントをやることは意味しない。研究所におけるプロジェクトの多くは、ラインマネージャでない技術リーダーがリードするからである。プロジェクトのリーダーシップも、組織運営のリーダーシップも、「人を動かす」という面では同じである。だから、たとえラインマネジメントに興味がなかったとしても、皆さんのキャリアの中で、やがてリーダーシップ論を学ばなければならない時がやってくる。

　リーダーシップを発揮するためには、人がついて来なければならない。つまり、「人を動かす」ことがリーダーシップの究極の課題である。私も1997年に初めてライン・マネージャになって以来、「どうしたら人は動くか」を常に考え続けてきた。

　2010年にキヤノンを退職してから、半年ほど無職だったことがある。その時に、東京大学の工学系研究科技術経営専攻の授業を担当してもらえないか、という依頼をいただいた。当時無職だったので、有難い話だと思いすぐに引き受けた。講義のタイトルは「製品技術開発マネジメント」だったが、引き受けてからはたと困った。私には研究マネジメントの経験はあったが、製品開発や技術開発について系統的に学んだことがなかったからである。しかし、技術リーダーシップについては、それがどのような場合にうまくいくのか、（もっと大事なことは）なぜうまくいかないのか、様々な経験をしてきた。そのような経験を、擬似的に学生と共有できれば、将来の技術リーダーと目される東大技術経営専攻の学生に役に立つので

はないかと考え、技術経営の様々な状況を想定して、それについて考える、というスタイルの授業を4年間行った。

　授業のスタイルは、毎回、技術リーダーが直面する（と思われる）状況をケースとして与え、その場合に自分だったらどのように意思決定するか、を議論する、という形とした。この授業は、学生にとっても刺激になったようだし、私としても学ぶことが多かった。その授業で使ったケースを元に、技術リーダーになるとはどういうことか、を考えてみよう。

5.1 意思決定する

　授業の第1回に使ったものは「矢野君の場合」というケースである。これは、企業の研究開発現場にいた経験を持つ人ならば誰でも、"ああ、こういうことあったな"と思うような内容であると思う。まずは皆さん自身で、このケースを読み、自分だったらどうするかを考えてみてほしい。

Case

矢野君の場合

　エンドー自動車の第二技術開発本部に勤める矢野君は入社13年、38歳の主任エンジニアである。大学院修士課程では制御工学を専攻した。今はACC（自律型クルーズコントロール）プロジェクトのチームリーダである。ACCはカメラやレーダーで周囲の状況を判断して運転者の操作を助けるもので、次期車種5MGの目玉機能の1つとして期待されている。チームは矢野君を入れて7名。課長はいるが、6ヶ月前に車両開発本部から来た人で、電子システムには疎く、課の技術的な方向性は、もっぱら矢野君が仕切っている。

　プロジェクトは先行技術開発だが、製品プランの中に組入れられ

ていて、デッドラインがある。既にプロジェクトは1年半走っていて、製品に間に合うには3ヶ月後に予定されているチェックポイントまでに所定の性能を出さなければならない。これをミスると、次期車種 5MG に搭載されない。

　だが、プロジェクトは遅れがちだ。特に、A君が担当しているミリ波レーダーセンサーに、期待されていた性能が出ない。彼は入社4年目の若手だが、チーム内で唯一の電波工学の専門家である。A君は今取り組んでいる多点式センサー方式にこだわりがあり、この方式で行けると思っている。しかし、矢野君は密かに、「アイディアは良いがこれでは期限までに性能を出せない」と思っていた。A君はやる気のある優秀な若手である。矢野君はリーダーとして、メンバーのやる気を削いではいけないと思い、A君の方式を今まで支持してきている。

　一方、矢野君には単点積層アンテナを使うアイディアがあり、自分が100%のこの開発に携われば、3ヶ月でものにできそうな気がする。ただし、自分はプロジェクトリーダとしての日々の仕事があり、多くても30%くらいのワークロードしか割けない。半年前に積層アンテナ方式に方針変更していればなんとかなったのかもしれないが、今となっては難しそうだ。それに、残り3ヶ月でセンサー方式が変われば、チームの他のメンバーが担当している認識アルゴリズムや制御回路も変更しなければならず、そちらのほうでも遅れのリスクがある。

　いかがだろうか。いかにもありそうなシチュエーションではないだろうか。問題は、企業の研究開発チームのリーダーとして、あなたが矢野君だったら、どのような意思決定をするか、である。本書を読み進める前に、ぜひご自身で考えていただきたい。自分が矢野

君の立場だったら、A君方式に賭けるのか、それとも自分が乗り出していって、自分のアイディアで勝負しようとするだろうか。

授業で、まずこのケースを読んだ直後に学生に聞いてみると、A君の多点式センサーを続けてやらせる、という人と、自分の考える単点積層アンテナ方式に今すぐ切り替える、という人が半々くらいだった。しかし、本当にそれ以外に解がないのか、と水を向けると、そこはさすが東京大学の学生、様々なアイディアが生まれてくる。矢野君のアイディアに切り替えるとすれば、自分がやっているプロジェクトリーダーの仕事を誰かに肩代わりしてもらわねばならない。課長にお願いする、あるいは課長に頼んで、他の部署から誰かを連れてきてもらうことができるかもしれない。A君方式がなかなか進まないのであれば、その分野の専門家を（たぶん社外から）連れてくることも考えられる。大学との共同研究とか、もっとありそうなのは、センサーを提供してくれるサプライヤとの協業だ。

もっと私を唸らせたのは「まずは5MGの製品開発事業部と交渉して、3ヶ月先のデッドラインが本当に最終のデッドラインかを確認すべき」という考えだ。自動車の開発は、多くの人が関わっていて、それらがすべてスケジュールどおりに進むとは限らない。ほかに、どうしても必要な機能の開発が遅れているという可能性もある。もしそうであれば、矢野君チームのACC開発が1〜2ヶ月遅れたとしても、製品全体の出荷時期には影響しないかもしれない。いかにもありそうな話だ。

このケースから私が学んでほしいと思ったことは2つだ。1つは**アウトオブボックス思考**である。現実世界では手詰まりと思える状況になってしまうことがよくある。映画『スター・トレック』には士官候補生が必ず受けるテストとしてコバヤシマル・シナリオというものが出てくる。コバヤシマルという民間宇宙船がクリンゴン帝国の領域内で故障して動けなくなり、救難信号を発している。これ

を助けに行こうとするとクリンゴン帝国との休戦条約に違反し、戦争のきっかけになるばかりか、自分の宇宙船も破壊されてしまうかもしれない。このシナリオは、宇宙船の指揮官に手詰まりの状況を経験させる、という意図で設計されたのだが、後にエンタープライズ号の艦長になるカーク候補生は、このシミュレーションプログラムをハックして、クリンゴン帝国に見つからずにコバヤシマルを救助できるように設定を変えてしまう。

　確かにカーク候補生がやったことは、訓練目的からすればチート（ごまかし）だが、ここには重大な教訓があると思う。現実の手詰まり問題を解こうとする場合には、ありとあらゆる前提条件を疑ってかかる、という態度が必要だ、ということだ。受験問題やコンピュータ・ゲーム、すなわち「必ず解が存在する問題設定」に慣れている学生は、与えられた前提条件の範囲内で解を探す、ということに長けている。しかし、私たちがビジネスで直面する問題は、解が自明であるか、あるいは解が存在しないと思えるものがほとんどだ。解が存在しないのであれば、前提条件を疑うのも重要な戦略だ。そういう習慣を身に着けてほしいと思う。

　アウトオブボックス思考に役立つツールとして1つお勧めしたいのが、「ステークホルダは誰か」を書き出してみることだ。**ステークホルダ**とは「自分の意思決定によって結果的に影響を受ける人」のことである。もちろん、自分のチーム、特にA君は自分の意思決定によって一番影響を受けるステークホルダの一人だろう。でも、他のチームメンバー、あるいはこの技術を次期主力車種5MGの目玉技術として心待ちにしている事業部もより重要なステークホルダだ。その他にも、製品を使うユーザーとか、会社の株価に影響を受ける株主とか、間接的なステークホルダもいる。どんなステークホルダがいて、それぞれが、あなたの決定からどのような影響を受けるか、できれば書き出してみるとよい。そうすると、今まで動かせ

ないと思っていた前提条件が、もしかしたら柔軟なものだと思える
かもしれない。

　このケースから学んでほしいもう1つのポイントは**技術経営の自
己矛盾**ということだ。これはどういうことだろうか。

　このケースで問題になっているのは、ミリ波レーダーのアンテナ
の設計であり、どの技術を使うべきかの判断には、電波工学に関す
る深い理解が欠かせない。だが思い出してほしい。矢野君の専門は
制御工学であり、電波工学は専門外だ。チームの中の唯一の専門家
は若手のA君である。電波工学については門外漢の矢野君が、ミリ
波レーダーアンテナの設計について意思決定しなければならないの
である。このように、技術リーダーが技術に関して意思決定を行う
とき、ほとんどの場合、部下のほうが自分より専門性が高いと思っ
てよい。にも関わらず、詳細を理解しない自分が決断を下さなけれ
ばならない。これは技術リーダーシップにおける自己矛盾にほかな
らないのではないか。

　実はこのことに関しては、私自身の苦い経験がある。私が最初の
ラインマネージャーとして自分の研究プロジェクトを持ったのは、
1997年のことであった。そのときは3名の小さなチームで、3人共
がコードを書いていた。その後、部下が増えても、自分はプレーイ
ングマネージャーだと思っていた。2006年に所長になってからは
さすがに自分でコードは書かないが、それでもすべてのプロジェク
トについて、技術的に自分が理解していなければならない、と強い
強迫観念を持っていた。今から考えればそんなことは到底不可能な
のだが、それでも相当努力したと思う。

　2009年にキヤノンに転職してみると、同様の文化を見ることがで
きた。キヤノンは技術の会社である。私が所属したデジタルプラッ
トフォーム開発本部（当時）は本社系の研究開発部隊で、海外研究
所を含めると1,000名を超える大部隊であったが、その中でマネジ

メントをやっている方々は、それぞれの領域で技術を極めた、叩き上げの方々であった。それぞれ、動きの早い情報技術の中で、最新の技術に追いつこうと血のにじむような努力をされていたのだと思う。しかし、自分が責任を持たないスタッフという立場でマネジメントを客観的に見ることができた私の眼からは、技術をわかっているふりをしながら、意思決定せざるを得ない苦しい状況を感じることができた。それはまさに、私自身がIBM時代に行ってきたことそのものであることに気づき、大いに反省したのであった。

　自分が専門でない事柄に対して意思決定をしなければならないのが技術リーダーの仕事であるのであれば、私たちはどうしたらよいのだろうか。残念ながら私には直球の答えはない。皆さんにお伝えできるヒントは2つである。1つは、自分にはわからない技術があるということを謙虚に認めることである。それをさらけ出した上で部下と話せば、より良い解が見つかるかもしれない。もう1つは、意思決定の結果の責任をとる覚悟を持つことである。技術の見通しに不確実性がある以上、それはうまくいくかもしれないし、うまくいかないかもしれない。自分の判断の及ぶ範囲外の要因で失敗するかもしれない。しかし、意思決定者としてあなたはその結果に責任を持つべきである。

5.2 人を動かす

　リーダーがやるべきことの第1は意思決定だが、リーダーが意思決定をすればそのとおりに人が動いてくれるとは限らない。より難しいのは、ここだ。リーダーシップとは、つまるところ「どうしたら人は動くか」という技芸である。次のケースを考えてほしい。

品質の呪縛

　自動車メーカーであるエンドー自動車にとって、品質は人の命に
関わることだけに、至上命題である。特に、8年前にマスコミを賑
わした品質問題があってからは、品質管理は徹底的に行われている。
第二技術開発本部も、例外ではない。第二技術開発本部が事業部に
移転する技術は、いずれ製品に組込まれるからだ。

　ソフトウェアの品質管理は容易でない。出来上がったソフトウェ
アが正しく仕様どおりに動作するか、完全に検証することは技術的
に不可能だからだ。したがって、成果物であるソフトウェアの品質
を確保するためには、その開発プロセスを厳格に管理するしかない。
エンドー自動車で唯一組込みソフトウェアの開発を行う第二技術開
発本部では、5年前にソフトウェア品質向上のための、ソフトウェ
ア開発プロセス管理の仕組みを導入した。

　第二技術開発本部には、ソフトウェアの品質管理を専門に行う品
質管理部があり、ここが開発プロセス標準を定めている。このプロ
セス標準は、ソフトウェア開発を、要求定義、外部設計、詳細設計、
コーディング、単体テスト、システムテストというフェーズに分け、
各フェーズを終了して次のフェーズに入る前に、必ず品質管理部に
よるレビューを行うことを求めている。品質管理部のレビュワー
は、各フェーズの成果物、すなわち要求仕様書やテスト報告書を精
査し、品質上の問題がないと判断すると、次のフェーズに入ること
にGOを出す。もし、問題があるとされれば差し戻され、開発チー
ムは次のフェーズに入ることができない。

　すべてのプロジェクトについて、すべての成果物とレビュー結果
はデータベースに登録され、そのサマリが週次の報告書となって加
藤本部長の朝会で報告される。加藤本部長は、本部のどのプロジェ

クトが遅れているか、どのプロジェクトに品質の問題があるか、を一目で把握することができる。もし、問題があればすぐに担当者を呼んで状況を聞き、必要ならば応援のエンジニアを投入する、などの手が打てるのだ。

この開発プロセス標準が導入されてから、第二技術開発本部のソフトウェア品質は飛躍的に向上した。事業部へ技術移転してからのバグなどのクレームは非常に少なくなったし、何よりこのプロセス標準を導入して以来、市場に製品が出てからのソフトウェア上の重大な品質問題は一度も起きていない。ただし、加藤本部長にとって少し気がかりな点がある。最近、少しずつ事業部からのクレームが多くなっているようなのだ。

エンドー自動車の次期主力車種 5MG に関する技術開発は、加藤本部長にとっても間違いの許されない仕事だ。特に、今回初めての試みである、統合制御装置のソフトウェアは、燃料噴射や冷却、トランスミッションなど今まで個別であった制御装置を 1 つの CPU で統合するもので、その複雑さとともに技術的なチャレンジもあり、加藤本部長としても大いに力をいれている。何があっても品質・納期上の問題を第二技術開発本部から出してはならない、と心に決めている。そのため、5MG 関連の技術開発が始まった 1 年半前から、本部では加藤本部長自身が委員長になって、「バグゼロ運動」を推進している。それぞれの課では、「品質サークル」が作られ、品質向上のアイディアを話し合う。年末には、それぞれのサークル活動の成果発表がなされ、よい発表は表彰される。全本部的な活動であることを徹底させるため、居室には大きなポスターが貼ってあるし、社員証にも小さな「バグゼロ」のステッカーが貼ってある。

だが、技術移転のターゲット期日の 2 ヶ月前になって、5MG を開発している事業部の本部長から、加藤本部長に直々の電話があった。「そちらで開発中の統合制御装置は品質に問題があり、5MG は

従前の個別技術で行くことにした」とのことであった。加藤本部長にとっては寝耳に水であった。週次の品質会議では、小さなバグのレポートはあったが、全体としては問題なく進捗していて、来月の最終のシステムテストに向けて着々と準備が進んでいると報告されていたからだ。

　加藤本部長は、ただちに品質管理部のタカハシ部長を呼んで問いただした。タカハシ部長は「すべての品質レビューはきちんとプロセスどおり進められていて、記録も残っている。品質に重大な問題があるとは認識していない。何かの間違いだと思う。すぐ調べて報告します。」と言った。確かに、すべての記録（全体で数千ページにわたる）は、要求定義、外部設計、詳細設計、コーディング、単体テストの各フェーズにおいて正しく品質レビューが行われ、プロセス標準通りの基準を満たしていたことを示していた。

　加藤本部長は、現場のエンジニアの1人を呼び出した。彼が重い口を開いて言うには、「要求定義にやや曖昧さがあるのには気がついていた。だが、その部分は別のチームが面倒を見るのだろうと思っていた。システムテストの段階になって問題が顕在化したが、その時には既に遅かった。」加藤本部長が、「要求定義の問題に気づいていたのならば、どうしてもっと早く報告しなかったのか」と問い詰めたところ、「少なくとも自分に割り当てられた部分については、仕様書どおり、品質に全く問題なく開発したし、自分のチームはそれだけで精一杯だった」と答えた。

　結局、統合制御装置は 5MG に採用されず、第二技術開発本部は大きく面目を失うことになったのであった。

　統合制御装置の品質を向上させよう、という加藤本部長の意思決定はもちろん正しい。残念ながら、「品質を向上させよう」という加

藤本部長の号令に反して、第二技術開発本部のメンバーは、品質向上に十分な注意を払わなかったように見える。なぜだろうか。このケースについても、以下を読み進める前にご自身で、何が起きたのかを考えてほしい。

加藤本部長の眼から眺めてみよう。5年前に導入したソフトウェア品質管理プロセスが一定の成果を挙げたのは明らかだ。少なくとも自分に報告が上がってきている限り、このプロセスは正しく動いているように見える。統合制御装置の品質も問題無いはずだ。だが、事業部の評価は異なる。事業部の評価がおかしい、という可能性もあるが、ひとまず、統合制御装置の品質に事実問題がある、と仮定して話を進めよう。

開発を行っているエンジニアの眼からは、この品質の問題はどのように映るだろうか。彼らの最大の関心事は、自分の仕事を完成させることである。これには、プログラムや文書などの成果物を作り上げること、品質管理部のレビューに通ることの2つが必要だ。どんなに良い成果物を作ったと自分が思っていたとしても、レビューに通らなければ、自分の仕事は終わったことにならない。だから、知らず知らずのうちに「レビューに通りやすい」成果物を作るようになる。

品質管理部のレビュワーからはどのように見えるだろうか。何百ページにも渡る文書や、プログラムコードのすべてを精査することは不可能だ。会計監査やセキュリティ監査などのやり方と同様に、この品質レビューでもレビュワーが"ここは危ない"と思った部分を重点的に調べ、問題があれば指摘する。危なそうな部分に問題が見つからなければ、全体としても大丈夫そうだ、という推定が成り立つ。レビュワーとしても、無理してアラ探しをすることは避けたい。レビュワーも同じ会社のエンジニアであり、品質レビューで自分が突き返したために、開発エンジニアから恨まれたくはないのだ。

この品質管理プロセスは既に5年間、運用されている。だから、開発エンジニアには、品質管理部のレビュワーがどの点を詳しくチェックするかがだんだん見えてくる。チェックされるところだけをきちんと用意しておいて、その他の部分は適当に形だけ整えておけばよいのだ。こうなると本来、成果物の品質を上げるためにやっていることが、いつの間にか「レビューを通す」という別の目標にすり替わってしまう。すなわち、プロセスがいつのまにか、**形骸化**してしまったのが、この問題の主因のようなのだ。

　そもそも、プロセスやルールは何のためにあるのだろうか。それは意思決定の効率化のためである。ソフトウェアの品質のようなものは測定することが極めて難しい。バグが何個残っているか、正確に知ることは不可能だからだ（知られているバグは既に取り除かれているから、残っているのは知られていないバグだけだ）。このため様々な代替指標を用いて品質を推定するわけだが、それには深いスキルを持ったエキスパートが長い時間をかけて評価しなければならない。このような手間のかかる評価の代わりに、「あるプロセスに基づいて作られたソフトウェアは一定の品質を満たすと推定する」というのが**プロセスに基づく品質管理**の考え方である。このようにすれば、プロセスを満たしたかどうか、という観点で、品質に関する意思決定を機械的に行うことができる。ルールについても同様である。「30万円までの支出は課長決済とする」というルールは、リスクの小さい意思決定はできるだけコストの低い低位レベルのマネジメントに**権限移譲**することで、意思決定を効率化する。

　だが、上記のケースで見たように、プロセスやルールには形骸化の危険もある。本来、品質向上を目的としてきたところが、いつのまにかプロセスを通すことが目的になってしまう。それは「問題に対する熟慮を放棄すること」に相当する。一時は世界を席巻した日本の電子産業の多くが、現在苦境に陥っているのはなぜか、その理

由の1つはここにあると私は考える。かつて日本の製造業は現場主義で、現場のエンジニアが最善の設計・製造を行い日々改善しているからこそ、高い品質を維持することができたのだった。その後、1990年代に大挙して欧米のコンサルティング会社がISO9000などプロセスに基づく品質管理、リスク管理の考え方を日本の経営者に吹き込んでいったのだと思う。しかし、<u>厳密なプロセスやルールを導入することは、現場のエンジニアが自分で考え、判断する機会を奪ってしまうことにもなる</u>。プロセスやルールを重視しすぎる会社では、だんだん独創的な仕事ができなくなってきてしまう。私はこれを**プロセス原理主義**と呼んでいる。4.3節で、あなたが就職や転職を考えているのであれば、その会社がプロセス原理主義に陥っていないか、よく調べることを勧める、といったのは、この意味なのだ。

このように考えると、組織を運営するには、大きく分けて2つの方略があることがわかると思う。その第1は、各自の役割を決め、ルールを決め、プロセスを決め、それらに基づいて計画・実施・評価を行う、というものだ。これを、ここでは**ガバナンス戦略**と呼ぶことにしよう。全員が共通のルール、プロセスに基づいて行動するために、全体的な効率性が上がり、また品質のばらつきの少ない仕事ができることになる。全体が一糸乱れぬ命令で動かなければならない軍隊や、同じプロセスで品質のばらつきのない製品を作らなければならない大量生産の工場などでは、命令・統制型のガバナンス戦略が必要であることがわかるだろう。

第2の方略は、細かいルールを決めるのではなく、少数の原理・原則だけを決めておいて、現場の各自に判断を任せるというもので、これを**エンパワメント戦略**と呼ぶことにしよう。各人がルールに縛られずに自律的に動くことができるので、個人の能力を発揮しやすいが、大きな組織全体としての力にまとまりにくい。仕事に属人性ができてしまうので、従業員が突然病気になったり退職した場合の

事業継続性の問題もある。それでも、メンバーがそれぞれプロフェッショナルであり、創造的な仕事を期待されるような職場、たとえば研究所のようなところでは、メンバーがエンパワーされていて、リーダーの意図を汲んだ臨機応変な仕事ができることが重要である。

　もちろん、ガバナンスとエンパワメントはどちらかの択一の問題ではない。正しく人を動かすには、ガバナンスもエンパワメントもどちらも重要だ。最低限のプロセスやルールがなければ意思決定のたびに意見調整が必要で効率が極めて悪くなる。一方、ルールが厳しすぎると個人のイニシアティブが発揮しにくくなる。ガバナンスとエンパワメントのバランスに気を配り、必要に応じてガバナンス戦略とエンパワメント戦略を使い分け、自分の掲げる目標に向かってメンバーの力を発揮させるのが、良いリーダーなのだと思う。

　ここで、エンパワメントのために私が気をつけていることを1つ、皆さんと共有したい。それは3.4節でも述べたが、**説得と納得の違いだ**。2007年に私がIBMの執行役員になったときに、「全社エグゼクティブ特別研修」という役員向けの研修を受けた。講師の大久保寛司氏は、2000年までは日本IBMでお客様満足度向上運動のリーダーだったが、その後退職されて経営コンサルタントとしてあちこちで講演やセミナーをされている。

　大久保さんのセミナーは「気づきのセミナー」という独特のスタイルをとっている。すなわち、何かを教えるということをせず、いろいろな事例を話して、「それでは皆さん、グループで討議してみましょう」と言うだけなのだ。出席者は自分の頭で考え、「ああ、こうだったのか」というふうに気づく、それが自分が納得するということにつながり、それを自分の意思で実施することになるのだ。考えてみれば当り前だが、他人に何か教えられ、あるいは説得されても、自分が心から納得できないことはなかなか実行できない。大久保さ

んも経営コンサルタントになりたてのころはいろいろな方法論を教えていたそうだが、あるとき「説得」と「納得」の違いに気づかれて、その後今のようなセミナーの形態になったとのことである。

　企業では、結果を出すことが求められるから、企業のトップはつい、「目標を達成するように」というメッセージを発信してしまいがちだ。上記のエンドー自動車のケースでも加藤本部長は「バグゼロ運動」を自ら先頭に立って推進していた。しかし、どうやら必ずしも「目標を達成するようにというメッセージを発信すること」が、「実際に目標を達成すること」につながらないようなのだ。「バグをゼロにしろ」と本部長から毎日言われ続けたエンジニアは、自分のプログラムにバグを見つけたときにどうしただろうか。「バグゼロ」にしようとした組織は、実は「バグが報告されない組織」になってしまったのではないだろうか。大久保さんは、社員がエンパワーされ、仕事を楽しみ、お互いに助け合いながらやりがいを持って働いていれば、目標達成は後からついてくる、ということを伝えたかったのだと思う（もちろん、「気づきのセミナー」だから、大久保さんはそういうことは直接には言わなかったが）。

　大久保さんのおっしゃる、「説得と納得の違い」は、人を動かす極意だと思う。「説得するのではない、納得してもらうにはどうしたらよいか」を常に考えるように私は努力している。それがリーダーの重要な資質だろう。

5.2.1　企業の理念

　エンパワメントのベースになるのは「少数の原理・原則」である。IBM と PFN の例を紹介しよう。IBM では、創業以来「3 つの信条」と呼ばれる企業理念があった。

● 最善のカスタマーサービス

- 完全性の追求
- 個人の尊重

これらは、それぞれには重要なものだと思うが、日々の仕事の中で意識することはあまりなかった。2004年にこれらの信条は以下のIBMer's Values に置き換えられた。

- お客様（client）の成功に全力を尽くす
- 私たち、そして世界に価値あるイノベーション
- あらゆる関係における信頼と1人ひとりの責任

この変更から、いくつかものことが読み取れる。まず、企業理念を「IBM の価値」と呼ばずに「IBM 社員の価値」と置き替えたことだ。会社全体というより、社員1人ひとりの行動に何を期待しているか、を語っている。1つ目の「お客様（client）の成功に全力を尽くす」という価値は、IBM のビジネスの変化を物語っている。それは、それまでカスタマーと呼んでいたお客様をクライアントと呼び替えたことに現れている。**カスタマー**とは、製品やサービスを買ってくださるお客様のことだ。一方、**クライアント**とは、医師にかかる患者や弁護士に相談する依頼人のように、長い期間に渡って継続してプロフェッショナル・サービスを受けるお客様のことを指す。IBM がコンサルティングやアウトソーシングなどのプロフェッショナル・サービスにビジネス転換したことを強く印象づける言葉だ。2つ目は、今ある製品やサービスの完全性を追及するよりも、たとえ完全でなくても価値あるイノベーションを起こすことを優先したいという意思を示している。3つ目は、会社が個人を尊重するのは当然だが、そのことによって発生する信頼と責任の重要性を語ったものだと私は解釈している。これらの IBMer's Values がどのくらい IBM 社員の意識に浸透したかわからないが、少なくとも私が東京

基礎研究所の所長だったころは、全体集会のたびに IBMer's Values を繰り返し発信していたし、自分でも日々の意思決定で意識することが多かった。

　PFN では、3 章で述べたように、PFN における行動指針のベースになる価値観として、2018 年に PFN Values を定めた [22]。それらは以下の 4 つである。

- Motivation Driven — 熱意を元に
  「人は動機づけされている仕事をしているときに、最大のパフォーマンスを発揮する」というのが、この Value の背後にある信念だ。これは、決して「やりたいことだけをやればよい」という意味ではない。逆に、アサインされた仕事にモチベーションを感じられないのであれば、会社を去るべきだ。そのくらい強いステートメントだと思う。私個人としては後で述べるように、PFN 最大の強味だと思う。

- Learn or Die — 死ぬ気で学べ
  PFN の価値は、圧倒的な技術力である。4 章でも述べたように、変化の激しいこのテクノロジの分野で常に他社から頭 1 つ抜け出るためには、社員のそれぞれが必死で学び続ける必要がある。「死」という強い言葉を社是ともいうべき PFN Values に入れるかどうかについては議論があったが、そのくらい強い覚悟を持つのだ、ということを示すために、あえてこの言葉を使った。

- Proud, but Humble — 誇りを持って、しかし謙虚に
  PFN は、それぞれの社員がそれぞれの分野で一騎当千のプロフェッショナルである。そのことについては、大きな誇りを持つべきだ。しかし、私たちは自分の専門を除くほとんどすべて

---

[22] https://preferred.jp/ja/company/values/

の分野において素人同然であることも同時に認識しなければ
ならない。そのことによって、多様なバックグラウンド、多様
な価値観を持つ仲間たちをお互いにリスペクトできるように
なる。

● Boldly do What no one has done Before ― 誰もしたことがな
いことを大胆になせ
最新の技術を使って私たちが何をすべきか、ということについ
ては多くの議論があった。もちろん、PFN がやることは、反
社会的なものであってはならないし、人類社会の発展に寄与す
るものであるべきである。それは当然のことだし、どの会社も
同じだろう。私たちは、一歩進めて「PFN にしかできないこ
と」をやることが、社会における私たちの使命だと考えた。

PFN は若い会社で、今後も会社が成長するにつれ、企業理念を見
直していくことになる。それぞれの時点で、私たちが何を考え、何
を決めてきたかを振り返ることも重要だろうと思う。

5.3 人を評価する

IBM、キヤノン、統計数理研究所、PFN はそれぞれ異なる評価シ
ステムを持っているが、その中には共通の悩みがある。いろいろな
研究者と話していても、あるいは他社の研究所のマネジメントの
方々と話していても、常にあがる話題の 1 つが、研究者の「評価」
だ。研究成果を客観的に評価することは難しい。大変な努力をした
にもかかわらず、結局モノにならない研究もある。これらの成果や
努力をどのように評価すべきだろうか。評価について考える材料と
して、次のケースについて考えてみよう。

評価の季節

　金田部長にとって、12月は憂鬱な季節だ。年度末の猛烈な忙しさに加えて、部下の人事考課があるからだ。エンドー自動車では、成果主義を導入している。毎年、年初に社員は上司との面談を行って、その年の目標を設定する。年末に、その目標に対してどの程度達成したかで、S、A、B、Cの4段階の評価がつく。Sは「目標を大幅に上回る顕著な貢献」、Aは「目標を上回る貢献」、Bは「目標どおりの成果」、Cは「目標に到達しなかった面がある」という評価だ（これ以外にDという評価もあるが、これは退職勧奨が必要な問題社員に対してだけ用いられる）。評価は給与に直接結びついていて、中堅社員の場合、SとCで年収が100万円以上違うことも珍しくない。

　建前上、評価は絶対評価だが、実際には人事管理上相対評価になっていて、人事本部からの通達によれば、その目安はSが20％、Aが30％、Bが30％、Cが残りの20％である。相対評価の母集団は、本部全体であり、第2開発本部全体で上記の分布になれば、その中の部や課の分布に多少のばらつきがあってもかまわない。例えば、10名の課では、評価Sは2名が目安だが、その課の成果が大きければ、3名にSを与えてもかまわない。

　評価の結果は、年内に従業員に面接を通してフィードバックされる。評価がSならばよいが、頑張っている部下に評価Cを言い渡すのは、マネージャーにとって辛いものだ。時には、「なぜこんなに頑張った私がCなのですか」とくってかかられることもある。面談が険悪なムードになるのは、こんなときだ。

　エンドー自動車では、公正な評価を担保するために、**グループ評価制度**を取り入れている。評価を行うのは、基本的に直属の課長だ

が、それらの課長がさらに集まって、丸一日かけて第三開発部の80名の社員の評価を比べ合い、全体の調整をするのである。「そちらの課の○○さんがSなのであれば、うちの課の△△さんも当然Sではないか」などの意見が飛び交い、壮烈な綱引きが行われる。どの課長も、自分の部下により高い評価をつけたいからだ。どうしても意見が合わない場合には、金田部長が裁定しなければならない。

　今年のグループ評価会議は今までのところスムーズに運んできた。しかし、最後の1人の評価Cの枠をめぐって議論が対立している。候補になっているのは、Aさん、Bさん、Cさん、Dさんの4名だ。そのうちの誰かには評価Cをつけなければならない。

第一開発課長：「Aさんは今年人一倍頑張ってきた。目標に設定した、技術移転ができなかったのは、事業部の製品計画の遅れのためであり、彼女のせいではない。評価Cなどもってのほかだ」

第二開発課長：「Bさんは確かに彼の開発しているソフトウェアに遅れがあったが、今年は5本の特許を出していて、第三開発部の中では最も多い。いわば第三開発部の知財のエースだ。エースに評価Cをつけてよいのか」

第三開発課長：「Cさんの成果は確かに他のエンジニアから見れば見劣りがするかもしれない。しかし、今年は彼の実力に見合った目標を立て、一応その目標はクリアした。彼には介護の必要な両親がいて、生活が苦しいと聞いている。2人の子供の教育費も今が一番かかる時だ。いま彼に評価Cをつけることは、人としてできない」

第四開発課長：「Dさんは開発の力はないので、今年は他のエンジニアの事務補助の仕事を与えた。仕事は遅いが大きなミスはなかった。彼は昨年も評価Cだった。昨年のグループ評価会議のときに、金田部長は『今年は我慢してくれ』とおっしゃった。私は

このケースでは、4人の学生にそれぞれ第1開発課長から第4開発課長までの役割でロールプレイをやってもらうことにしている。その中で、評価には多様な物差しがあるのだということを感じてもらいたいからだ。結果を重んじるのか、それとも努力したことを評価するのか、自分の主業務でない業績をどの程度評価すべきか、プライベートな状況をどの程度考慮すべきか、過去の評価の埋合せをすべきかどうかなど、模擬的な評価会議のディベートを通して考えることになる。もちろん、この特定のケースについて、誰に評価Cを与えるかについての正解はない。しかし、このエクササイズは次の論点2、論点3について考える原点となる。

どこの組織でも、個々の研究者から一番よく聞く意見は「評価基準を明確にしてほしい」というものだ。評価に透明性が求められるのは、当然のことだ。だが、**透明性**とは、なぜその評価がついたのか、という理由を説明できることであり、それは「ここまでやればA」というような達成目標を事前に明らかにすることとは異なる。達成基準による評価、いわゆる**成果主義**は**減点法**による評価であり、事前に全く想定していなかった新しい成果を正しく評価できない。成果主義を導入した企業では、年初に達成目標を設定し、それをクリアすれば高評価となる。それがわかると、人々は年初の達成目標を低く設定しがちになる。そのほうが楽だからだ。富士通で成果主義が思うように効果を挙げられなかった1つの理由はこれだ、と私は理解している。

　私は、目標は達成できて当然、それ以上にどのように我々の活動が会社や世の中にインパクトを与えたか（マターしたか）、を**加点法**で評価するのがより良いやり方だと考えている。目標設定時には思いもよらなかった、大きなインパクトを与えるチャンスがやってきたら、それを間違いなくつかまえるべきであると思うからだ。特に私たちが研究している情報技術の世界は動きが激しい。年初に目標を立てたとしても、その問題が翌月には別の研究グループによって解かれてしまって、オープンソースソフトウェアとして誰でも使えるようになっているかもしれない。そのような動きの激しい世界で、何ヶ月も前に立てた達成目標にこだわっていても仕方がない。研究における目標は営業マンの売上目標とは違う。目標はムービング・ターゲットなのだ。

　では、評価を加点法にするとして、それでもその評価の透明性はどのように担保するのか。ここが難しいところだ。上述の模擬的な評価会議でわかるように、「評価の理由」はしばしば、多元的で主観的になるからだ。客観的な、数字になる評価基準があってほしいと

いう気持ちはわからなくもないが、たとえ特許や論文のように数が数えられるものであったとしても、個々の特許や論文の質やインパクトには大きな隔たりがある。もし、第五開発課長のいうように、客観的な定量的評価スコアを決めたらどうなるだろうか。研究者は皆頭の良い人だから、どうすれば評価スコアを上げられるかを考えることになる。論文や特許を数で評価しようとしたら何が起きるか。共著の論文や特許が増えるだけだろう。論文数を共著者の数で割ることで補正しても同じである。粒の小さい（マターしない）論文が量産されることになる。いたちごっこだ。ケース「品質の呪縛」で品質管理プロセスを導入したことで何が起きたか思い出してほしい。プロセスやルールで人を縛っても、必ず人はその抜け穴を見つけ出す。機械学習の言葉でいえば、与えられたプロセスやルールに**過適合**（overfit）してしまうのである。

　それでは、論点 3「エンジニアのモチベーションを上げる報酬の仕組み」はどのように考えたらよいのだろうか。ここでの「報酬」は、金銭的なもの（compensation）だけでなく、会社が業績に報いる仕組み一般を指すものと考える。英語では**レコグニション**（recognition）という言葉を使うことがあるが、これは「会社はあなたの貢献を認識していますよ」というメッセージをどのように（例えば金銭の形で）伝えるか、ということを指している。実は多くの会社には既に多元的なレコグニションの仕組みが備わっている。それをうまく使えばよいのだと私は考えている。例えば、次のように考えてはどうだろうか。

- その年の「成果」：その年の業績評価に反映
  ここでいう成果は結果であり、努力したかどうかとは関係はない。たまたま担当したお客様のビジネスが好調で、大きな売上につながったので、労せず大きな成果になったかもしれない。

逆に、非常に良い研究をしたにも関わらず、投稿した論文のアイディアが、直前に他の研究グループによって発表されてしまい、結果に結びつかなかったかもしれない。あくまでも、その年の業績評価は、結果で判断する。

● 継続的な貢献：昇給に反映
一般に、昇給は年次の業績評価に連動するが、それでもラインマネージャーによる調整の自由度がある程度残されているものだ。たとえ、個年の業績が並の評価であっても、継続的で安定的な貢献は会社にとって価値が高い。そのことは、昇給額の調整によって報いることができる。

● その人の能力：昇進や仕事のアサインへ反映
研究者やエンジニアにとって、より重要でやりがいのある仕事にアサインされることは、強い動機づけとなる。たとえ、今までたまたま運悪く結果が出ていない人であっても、将来大きく花開く可能性のある人材には、チャレンジの機会を与えるべきだ。

● 後に顕在化した過去の貢献：表彰
過去に出願した特許が、まったく別の分野での応用が見つかって大きな知財収入を会社にもたらしたとする。そのような過去の貢献は、その年の成果と考えるわけにはいかない。これには、会社の表彰制度を使うのがよい。IBM では、表彰のレベルにもよるが、数百万円単位のボーナスをもらえることもあった。

● リテンション：ストックオプション
その人の市場価値が高く、転職していってしまう可能性がある場合には、ストックオプションなど、一定期間在職する条件下で支給される報酬を利用するのがよい。

マネジメントによるグループ評価で部下の評価が決まると、それを本人に伝えなければならない。そのときに気をつけたいのは、その評価をあなた自身の考えとして話すことだ。間違っても「自分は反対したのだが、部長の指示であなたの評価はCとなった」など他人のせいにしてはならない。もちろん、評価は多元的で主観的だから、様々な意見が出るのは当然だ。そのことは言ってもよい。だが、マネジメントの総意で決まったものは、自分の考えでもあるべきだ。評価を伝える際に曖昧さがあると、将来に禍根を残すことがある。気をつけたい。

　報酬についてもう1つ知っておいてほしいことがある。人は何によって動機づけされるか、ということだ。図11に示すのはマズローの欲求ピラミッドと言われるものだ。人々はまずピラミッドの最下段、生理的欲求を満たそうとする。食欲、睡眠欲、性欲などだ。それらが満たされると、さらに安全に対する欲求が現れる。ここまでが物質的欲求であり、それの上位に、一人ぼっちでいたくない、という「所属と愛の欲求」があり、それが満たされると今度は社会の中で認められたいという「承認欲求」が現れる。最上位にあるのが

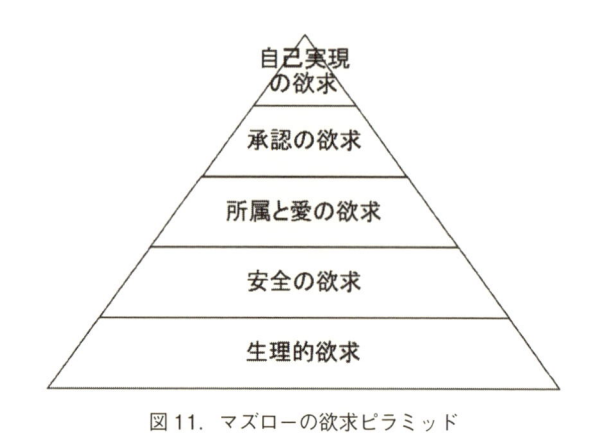

図11. マズローの欲求ピラミッド

「自己実現欲求」である。大事なのは、金銭的報酬は主に物質的欲求に関わる、ということだ。アメリカの臨床心理学者である、フレデリック・ハーズバーグは、これを**衛生要因**と呼んでいる。衛生要因は満たされないと大きな不満になるが、満たされたからといって動機づけにはならない。

　人々を動かす真の動機づけ（**動機づけ要因**と呼ぶ）は、金銭的な報酬ではなく、他人から認められる（レコグナイズされる）ことで得られる。給与を上げると最初はそれは自分が認められた、と受け止められるが、それは一時的なものだ。衛生要因を満たすレベルを越えて昇給することは、継続的な動機づけにはならないことに注意したい。心理学者のダニエル・ピンクも彼の TED トーク「動機づけに関する驚くべき科学」[23] の中で、金銭的な報酬はむしろ創造的な問題の解決を遅らせる、ということを指摘している。研究者についていえば、自分が成長できること、すなわちよい研究環境があり、優秀な研究者と切磋琢磨できることが、もっとも強い動機づけになるのだと思う。

　評価について最後に1つ、思い切った考え方があるのでそれを紹介したい。ベンジャミン・ザンダーという人が書いた *The Art of Possibility* という本 [18] に書かれた、すべての人に評価 A を与える、というものだ。Boston Philharmonic Orchestra の指揮者であるザンダー氏は、New England 音楽学校のクラスで音楽を教えている。学期の最初の授業で、彼は「皆さん全員に評価 A を差し上げます」と宣言する。「ただし、」と彼は続ける。「『私はザンダー先生の授業で、これこれの理由で評価 A を得ました』というレポートを今書いてください。」、そんなことが可能だろうか。

　このやり方の裏には、「すべての学生に評価 A になる能力がある

---

[23]　https://www.ted.com/talks/dan_pink_on_motivation

ことを信じ、信じさせ、それを助けていけば、必ずや業績を上げる
はずだ」という強い信念がある。きっとそうなのだろう。でも、こ
のプラクティスを目に見える形で実施するには、評価をする側にとて
も強い覚悟がなければならない。もちろん、上記のケースにある
ように、企業における成績評価は相対評価の要素があり、技術的に
全員に評価 A をつけることはできないだろう。だが、会社の中には
正式な人事評価に現れない、あるいは現れにくい非公式の業績もあ
るはずだ。それらを尊重して、心の中で周りのすべての人に評価 A
をつけていく、というのがこのプラクティスの本当のこころなのだ
と思う。すべての研究員だけでなく、無名の清掃の方や警備の方、
あるいはタクシーの運転手さんなどにも、心の中で評価 A を与え
る、すなわち「あ、この人は素晴らしい仕事をしているんだ」と感
じられるようになりたいと思う。

　研究所のマネージメントは、本当はすべての研究員に最大の評価
を与えるべきなのだと思う。リーダーシップとはそういうものであ
る。もし、メンバーの能力を最大限に引き出すことができないので
あれば、それはリーダーの責任であるからだ。一方、マネジメント
という観点からは、それでも評価に差をつけなければならない。多
元的で主観的な評価をどのように行うか、マネジメントの永遠の
テーマであると思う。これは人間の価値観の問題であり、どんなに
機械学習技術が進歩しても、人間のマネージャーを置き換えること
は到底できないだろう。

5.4 不確実性に対応する

　私たちが生きているこの物理世界で、時間軸は特別な存在である。
私たちは 3 次元の空間上をあちこち動くことはできるが、時間軸上
では一定の速度で過去から未来へ移動せざるをえない。好むと好ま

ざるとに関わらず、過去に戻ることはできないし、将来何が起きる
かを事前に観察することもできない（少なくともタイムマシンが発
明されるまでは）。私たちは常に、将来何が起きるかわからない不確
実な世界に生きていて、しかも私たちの意思決定はやり直しができ
ない。

　研究のマネジメントでは、将来の不確実さが極めて大きい。研究
とはつまるところ、できるかできないかわからないことをやってみ
ることだからだ。確実にできるとわかる技術を作ることは開発であ
り、研究ではない。もし、研究所の研究プロジェクトのうち9割が
成功しているのだとすれば、それは成功している研究所だとは私は
思わない。十分なチャレンジを行わず、小粒の開発ばかりをやって
いる研究所と思わざるをえない。会社のビジネス状況、研究所の役
割、研究所の研究力やサイズなどいろいろなファクタで変わってく
るとは思うが、プロジェクトの失敗率が5割でも構わないと思う。
Alphabet（Google）が買収したイギリスの DeepMind 社は、2018
年に 600 億円近い資金を消費し、その結果、親会社である Alphabet
に提供できた価値は、データセンターの最適化などごく一部であっ
たという[24]。それでも、AlphaGo のような世の中をあっと言わせる
研究成果を出している。

　企業の経営は常に不確実性にさらされているので、不確実性をど
のようにマネージするかは経営科学の中でもよく研究されている
テーマだ。不確実性の中でも、めったに起きない事象に対応するた
めのノウハウは**リスクマネジメント**と呼ばれる。リスクマネジメン
トにおいては、事故や自然災害などに対してどのように備えるか、

---

[24] https://www.wired.com/story/deepminds-losses-future-artificial-intelligence/

どのように異常事態から回復するか、が問われる[25]。一方、定常的に失敗が起きるような事業、たとえば研究マネジメントのようなものに対しては、**ポートフォリオマネジメント**という考え方が適用されることが多い。よく知られているのが、株式のポートフォリオである。上がるか下がるかわからない株式に対して、複数の銘柄を組合わせて投資することでリスクを分散させ、投資の全額を失うリスクを最小化する。

　研究のマネジメントにおいても、ポートフォリオの考え方が重要である。研究プロジェクトが成功しない確率を一定のレベルで認めたうえで、いくつかのプロジェクトからは大きな成功を引き出すチャンスを最大化しよう、という考え方だ。そのためには、難しそうだが成功すれば大きな結果が得られるハイリスク・ハイリターンのプロジェクトと、より確実に結果が得られるローリスク・ローリターンのプロジェクトとをどのように組合わせるかが重要である。

　マッキンゼーのイノベーション・マネジメントのためのフレームワークである、**3 ホライズンモデル**を使って考えてみよう。ホライズン1というのは、利益を生み出している既存事業に貢献する、確実性の高いプロジェクトだ。企業の研究プロジェクトでいえば、事業部やお客様の委託を受けて既存技術の改良を行うものなどが相当する。研究成果はほぼ間違いなくビジネスにつながる。ホライズン2は、今はまだ事業として立ち上がっていないが、成功すれば急成長が見込まれる事業計画に対する貢献だ。リスクは大きいが当たれば巨大な利益が得られる。ホライズン3は、まだどのように事業に使えるかわからない基礎研究である。

---

[25] マネージ (manage) とコントロール (control) の使い分けに注意。どちらも「管理」と訳されることが多いが、control は、望ましくない状態が発生しないように事前に統制すること（例えば「品質管理」は "Quality Control"）だが、一方 manage は、望ましいものも望ましくないものも、不測な事態が発生することを認めた上で、それらにどのように対応するかを指す。

研究におけるポートフォリオマネジメントとは、ホライズン 1、ホライゾン 2、ホライゾン 3 のどれにどれだけの経営資源を投入するか、を決めることだといってよい。事業への直接貢献を強く求められる研究所ではホライゾン 1 の割合が高くなる。近い将来の急成長を狙う企業にとっては、ホライゾン 2 により多くの投資が必要だろう。企業に余力があればホライゾン 3 の研究割合を大きくすることも可能である。

　現在の IBM やキヤノンのように成熟した会社の研究部門では、ホライゾン 1 の割合が大きい。私がいたころの IBM 基礎研究部門では、ホライゾン 1、2、3 の割合が 5：4：1 くらいだっただろうか。研究員全体の半分くらいが直近のビジネス貢献につながるプロジェクトに携わっていたことになる。ホライゾン 1 プロジェクトの割合が、例えば 7 割を超えるようだと、それは研究所としては健全でないと思う。そのような場合、研究所の研究員が、社内の廉価な開発リソースとして事業部に使われているのではないか、と疑ってみるべきだ。ホライゾン 1 の研究プロジェクトは結果が見えやすいので研究員にとって人気があるかもしれない。しかし企業の研究所の真の価値は、会社の将来の大きな成長に寄与することにある。ホライゾン 2、3 への投資を怠ってはならない。

　一方、企業の体力に余力があればホライゾン 3 に重点を置いた研究ポートフォリオを組むこともできる。トランジスタの発明や、C 言語とそれを使った UNIX オペレーティングシステムの開発などで知られる AT&T のベル研究所（現在は NOKIA 傘下）、イーサーネット、マウス、パーソナルコンピュータなどの発明で知られる Xerox パロアルト研究所はいずれも、その絶頂期においては、直近のビジネス貢献が見えない基礎研究を積極的に進めていた。IBM の基礎研究部門も、1990 年代まではそのミッションを "Famous for its Science and Vital to IBM's Business" と定義していた。すなわち「科

学における名声を得ること」を、ビジネスに対する貢献と同列に並べていたのである。現在でいえば、DeepMind 社もホライゾン 3 型の研究所だろう。

スタートアップ企業における研究ポートフォリオはだいぶ様子が異なる。PFN のように外部から投資を受けているスタートアップ企業は、急成長することが期待される。このため、ハイリスクなプロジェクトにも積極的に取り組まねばならないが、リターンが 5 年、10 年先というわけにはいかない。このため、研究プロジェクトはホライゾン 2 を狙ったものが多くなる。

リスクの高い研究プロジェクトを実施するには大きな覚悟が必要である。特に、経営資源が限られていて十分なポートフォリオを組めないスタートアップ企業においては、リスクを承知の上で特定のプロジェクトの成功に社運を賭けなければならない。それは、とても勇気の要ることだと思う。PFN 社長の西川徹は日々そのような決断をしている。私には到底真似できないことだと思う [26]。

高リスクのプロジェクトは失敗して当然なのだが、私自身が PFN のプロジェクトを経験して思うのは、高リスクであってもプロジェクトを成功に導く秘訣は、**フロー経営**にある、ということだ。フローとは、心理学者チクセントミハイが提唱した概念で、人々が高揚した心理状態で 1 つのタスクに取り組むことをいう。創業初期のソニーは、技術者が皆、熱に浮かされたように革新的な技術開発に取り組み、次々に成功させていったという。これがフロー経営だ。

2014 年の夏に、PFN のインターンシップの学生であった松元叡一は、翌年 PFN 入社後に強化学習という技術を用いて、模型自動車の自動運転を行うことができることを示した。PFN は、この技術

---

[26] スタートアップ企業の経営者がいかに壮絶な日々を送っているかは、ベン・ホロウィッツの Hard Things [19] を読むとよい。

をベースに、2016 年の 1 月にラスベガスで開催される CES（Consumer Electronics Show）で、トヨタ自動車と共同で、この技術を発展させたデモを行うことを計画した。しかし、強化学習は難しい技術で、なかなか思ったような結果が出ない。結局、チームのほぼ全員がラスベガスへ出張して、現地で調整を続けた挙句、デモ当日の直前にシステムは完成し、デモは大成功を収めたのであった。このような、ぎりぎりでの成功は、同じ年に参加した Amazon Picking Challenge というロボットコンテスト（首位と同率の 2 位の成績を収めた）や、国内トレードショーの CEATEC での自律型ドローンのデモなど、枚挙にいとまがない。普通に考えれば「絶対に無理」と思うことが、次々に成し遂げられていくのを見て、これはまさにフロー経営であると感じた。

5.5 スタッフの役割

　リーダーシップの章を締めくくる前に、スタッフの役割についても触れておこう。リーダーが力を発揮できるようにするためには、スタッフの力が欠かせない。IBM 基礎研究所時代には、優秀なスタッフに支えられてマネジメントを行うことができた。

　IBM では、スタッフの仕事のやり方として、**Completed Staff Work**（完成されたスタッフワーク）という考え方を教えている。"完成された"という意味は、スタッフの仕事は「あとはボスがイエスかノーか言うだけ」というレベルまでに完成していなければならない、ということを示す。もしあなたがスタッフで、ボスが明日お客様に持っていく提案資料を作っていたとしよう。ボスがそれを見て「ここをこのように修正せよ」と指示するようでは、あなたの仕事は完成されたスタッフワークではない。完成されたスタッフワークにするためには、資料に抜けや矛盾がないことはもちろん、ボスがど

のように考え何を伝えたいか、を正しく理解していなければならない。

　一方、ボスの側としては、スタッフが作った資料に対してよほどのことがない限り手を入れるべきではない。もし、スペルミスがある資料を使ってボスが恥をかいたとすれば、その資料を作ったスタッフは一生忘れないだろう。次からは全力で完ぺきな仕事をすることになる。逆に、自分が作った資料を、その日の晩にボスが必ず修正して完成度の高いものにするのを知っていたら、スタッフは完全な仕事を行うモチベーションを失う。

　マーシャル ゴールドスミスは著書『コーチングの神様が教える「できる人」の法則』[20] の中で、上司がやってはいけないことの1つに「価値を加える」があるのだという。部下が何かアイディアを持ってきたときに、「これは素晴らしいね」で終わればよいのだが、「でも、ここをこうするともっと良くなるんじゃないかな」ということをつい言ってしまう。確かにアイディアは少し良くなるかもしれないが、アイディアを持ってきた部下のやる気を半分に殺いでしまう。完ぺきでなくてもよい。「いいね。やってみろ」と言える勇気を持ちたいものだ。

　スタッフの側に戻って、もう1つ。実はフォロワーシップというのはリーダーシップの一形態だそうだ。デレク・シバーズの有名な3分の TED トーク「社会運動を起こすには」[27] をぜひ見てほしい。誰かが新しいことを思いついてリーダーシップを発揮し始めたときに、それに勇気を持ってついていくフォロワーがいれば、それが新しい社会運動になる。同様に、ビジネスで勝っていくためには他人と同じことをやっていてもだめで、他人から「あいつは頭がおかしい」と言われるくらいのことをやらないと真のイノベーションは起

---

[27]　https://www.ted.com/talks/derek_sivers_how_to_start_a_movement

きない。2016 年の暮れに、PFN の西川は深層学習用の自社データセンター構築を宣言した。NVIDIA 社の最新 GPU を 1,024 台搭載するという。1 台 100 万円の GPU だ。GPU だけでも 10 億円の出費となる。高々社員 60 名のスタートアップ企業で、そのような巨大なデータセンターを構築するのは前代未聞である。私は耳を疑った。だが、CFO の山本を始め私たちは全力でこのビジョンの実現に向けて努力した。その結果、PFN は 2 章で述べたように秋葉によって ImageNet 訓練速度の世界一の記録を打ち立てることができ、世界における深層学習の主要なプレーヤーとしての立場を獲得したのだった。デレク・シバーズがいうように、フォロワーシップというのはリーダーシップの重要な 1 形態なのだ。リーダーが、誰もがクレイジーと思うビジョンを掲げたときに、それについていく勇気を持ちたいと思う。

■ この章のまとめ

　英語に、何かを難しい方法で学ぶ（learn something the hard way）という表現がある。この章で紹介したケースのそれぞれは、私が自分のマネジメント経験の中で、"the hard way" で学んだものだ。私の下した意思決定の結果、人を傷つけたり、恨まれたりしたことが何度もある。それはとても辛い経験でもあった。「マネージャーになるということは、こういうことなのだ」、ということをどうして誰も教えてくれなかったんだろう、と思ったことが何度もある。

　皆さんも社会に出て、同じような経験をされることだろう。そして、そこで改めて学ぶのだと思う。"The hard way" で学んだことでなければ、真に身につかない、という議論がある。それは確かにそのとおりだろう。でも、少なくともこの章のケースを通して、少しでもそのような擬似体験をしておけば、将来皆さんの役に立つと思うのだ。社会に出てからきっと、「あれ、この状況は以前にも見たことがあるぞ？」とこの本での内容を思い出すことがあるだろう。そういうことが一度でもあれば、私がこの本で提供したかった価値は達成されたと思うのだ。

　良い論文や良い研究をするための方程式がないのと同様、いやそれにもまして、リーダーシップには決まった正解というものがない。リーダーシップとは、リーダーについていく人がいて初めて成り立つ概念であり、相手によって常に対応をフレキシブルに変えていかなければならない。この章でいくつか紹介したベストプラクティスや、他人の経験から学び、また皆さん自身の実践から自分のリーダーシップスタイルを見つけていってほしい。

- 技術リーダーは、自分の専門外のことについても意思決定しなければならない。
- 目標を示しただけでは人は動かない。納得させよう。
- ガバナンスとエンパワメントのバランスに常に気をつけよう。
- 人の評価は加点法で。それは多元的・主観的にならざるを得ない。
- 研究は失敗して当り前。ポートフォリオで大局的にみよう。
- 良いスタッフがいなければリーダーシップは発揮できない。

第6章

知財・契約・
インテグリティ

Research That Matters

本章ではまず、研究者が最低限知っておくべき知的財産権として、特許や著作権等について解説する。さらに、契約やインテグリティについても触れる。

6.1 知的財産権

　知的財産とは、形のあるものではなく、アイディアや著作物のような無形物を財産と見たときの呼び方である。知的財産権による保護の対象になるものとして、発明・著作物・商標・営業秘密などがある。企業にとって、ひいては研究者にとって、知的財産について気をつけるべきことは次の2点である。

- 自社の知的財産権を守ること
- 他者の知的財産権を侵害しないこと

まず、どのような知的財産権があるのかを見ていこう。

6.1.1　特許権

　特許権は発明に対して法律によって保護が与えられたものである。発明とは、技術的な工夫であり、それが特許権として認められるためには**新規性**（今まで公に知られていない）と**進歩性**（誰もが簡単に思いつくものではない）という2つの条件が要求される。発明が特許として保護されるには、発明を**出願**し、その後特許庁の審査を経て**登録**されなければならない。出願から登録までには最低でも数ヶ月、長いと数年かかることもある。出願から一定期間（日本では18ヶ月）経つと、発明は一般に公開される。特許が登録されると、出願から20年の期限で、特許権者にその発明の独占使用権が与えられる。他人がその間に、その発明を使った場合に、特許権の**侵害**として訴えることができるわけだ。

異なる会社または個人によって同じアイディアが独立に発明された場合、先に出願したほうが、特許権を取得できる権利を持つ。せっかく特許性のある発明をしても、ぐずぐずしていると、他社も同じ発明をしていて、先に出願してしまうかもしれない。したがって、良いアイディアを思いついたらまずは論文を書く前に特許出願を検討すべきである。

　特許の出願には、通常数十ページにわたる明細書を書く必要があり、明細書の構成や表現は独特なものであるので、研究者は知財部の担当者や外部の特許事務所と共同で明細書の執筆にあたることになる。また、特許庁の審査によって特許性がないと拒絶された場合、それに反論するための文書を作って説明しなければならない。研究者にとって相当手間のかかる作業である。

　このように、発明が特許として認められるためには多くの手続きを踏まなければならない。また、特許の維持にも費用がかかる。特許を海外でも受けようと思えば、これを出願国の数だけ繰り返すことになる。このため、1件の特許の出願から権利満了までは、最低でも100万円単位のコストがかかる。これに、明細書を作る研究者や知財担当者のコストを入れれば、相当なものだ。だから、企業が特許を出願する際には、その特許が、コストを上回る企業価値を生むかどうか、十分に吟味する必要がある。

6.1.2　著作権

　特許権が発明、すなわちアイディアそのものを保護するのに対して**著作権**は、論文や書籍などの文章・図表やプログラムなど、アイディアを創作的に表現したもの（**著作物**）を保護する。著作物とは表現なので、内容的に同じアイディアを書いた文章でも、表現が異なれば別の著作物となる。あるいは、ある文章の内容を図表の形で表現しても、それは別の著作物となる。

発明が特許として登録されたものだけを保護するのに対して、著作権は、著作物が創作された時点で自動的に著作者に権利が発生する。著作権は copyright と英語で呼ばれるように、**複製権**が主な権利だが、それ以外にも**公衆送信権**（Web などで配信する権利）などその他の権利も含まれる。また、著作物の創作にあたっては、著作権の他に**著作者人格権**（勝手に改変されない権利等）も発生する。

　企業に勤務する研究者の場合、会社の発意で創作された著作物（**職務著作**と呼ぶ）については、別の定めがない限り自動的に会社が著作者となる。会社の業務範囲で書いた論文の著作権はしたがって、会社に帰属する。最近では、投稿された論文が論文誌などに掲載される場合、学会が著作権の譲渡を求めることが多い。これは、その論文を論文誌に掲載するだけでなく、学会の Web ページで配信するなどの権利を得たいためだ。そのためには、会社から学会に対して著作権の譲渡をしなければならない。学会に著作権を譲渡しても、多くの場合、個人的に自分の論文をコピーして関連研究者に送るとか、あるいは所属する組織の Web ページに掲載することが認められる。この点、学術の世界では、論文を「利益を生む商用的なコンテンツ」として扱うのではなく、あくまでも学術の進歩に役立てようという共通理解があるように思う。だから、自分の論文の著作権を保護しようと特に思う必要はなさそうだ。

　一方、論文を書くとき気をつけなければならないのは、他人の著作権を侵害していないか、ということだ。論文では、他人の論文を引用することがある。その際、1）出典を明示していること、2）自分の論文の中で引用の範囲が明確であること、3）自分の論文の論旨の中でその引用をする合理的な理由があること、4）著作の中で自己のオリジナル部分が主で、引用が従であること、5）引用部分の内容を改変しないこと、などの条件を満たす適切な引用は著作権法で認められている。現在では、ネット上に様々な情報があるので、それ

らを参考にすることもあるだろうが、くれぐれも、安易にカット＆ペーストしないように注意したい。

　プログラムを書くときにも気をつけなければならない。最近はネット上にサンプルプログラムが多くあるので、そのサンプルプログラムをまず走らせて、それを修正しながらプログラムを開発することもあるだろう。しかし、最終的に会社の製品に使われるコードの中に、他人の著作権を侵害するものが無いように細心の注意を払うべきである。

6.1.3　商標権

　iPhone の裏には、アップル社のかじられたリンゴのマークがある。このマークを見れば、誰もが（ほとんどの人が）「ああ、これはアップル社の製品なのだな」ということがわかる。このように、ある事業者や製品・サービスを示す標識を**商標**という。もし他人が、このアップル社のマークを自由に使えるのであれば、アップル社は自社製品を差別化するのに困ることになる。そのため、商標にも、発明と同様に出願・登録することによって、法律による独占的な使用権が認められる。

6.1.4　営業秘密

　営業秘密とは、企業が保有する情報のうち、1）秘密として管理されていて、2）事業活動に有用な情報であり、3）公然と知られていないものをいう。例えば顧客名簿や、技術上の工夫も、これら3条件を満たせば自動的に営業秘密となる。他社の営業秘密を、不正な手段で入手し利用することは、不正競争防止法によって禁じられている。実は、企業が研究開発において保持する知的財産のほとんどは明示的な特許や著作物にならない、いわゆる**ノウハウ**である。ノウハウは、現状の法制の下では営業秘密として保護するしかない。

したがって、上記の3条件に気をつける必要がある。

6.1.5　企業と知財

　企業にとって知的財産権を尊重することがなぜ必要なのだろうか。それには3つのシナリオがある。1つは、知的財産権を守ることによって**自社製品・サービスの差別化**を図るため、というものである。もし、その製品・サービスが、特定の発明の利用を必須とするのであれば、特許を取ることによって競合他社が同じ製品・サービスに参入することを阻止することができる。もし、特定のソフトウェアやデータに依存するものであれば、それらを著作権で保護することによって、参入障壁とすることも考えられる。特許や著作権で守りにくい場合には、営業秘密として守るべきであろう。

　知的財産権を重視する第2の理由は**製品・サービスの自由度**を確保するため、という防衛的なものである。製品・サービスに必要な技術が他社によって特許化されてしまった場合、自社の自由度が失われてしまう。他社に特許を取得されないようにするためには、この技術を公知のものにしておかなければならない。自社による特許出願はこのための有効な手段の1つであるが、必ずしも特許の形を取らなくてもかまわない。特許出願のコストが高すぎる場合は、論文や標準化文書などの出版物あるいはオープンソースソフトウェアなどで発明を公知にすることにより、他社による特許出願・権利化を防止することができる。

　企業にとって知的財産権利用の第3のシナリオは、知的財産権を顧客に提供する**知財ビジネス**である。PFN を含む多くの IT 企業が行っているのは、広くは知財ビジネスと捉えることができる。私たちがお客様に提供するものは、ソフトウェアであったり、新たなビジネスプロセスであったり、あるいは発明やアイディアの実施権であったり、明文化できないノウハウであったりなど、無形物である

ことがほとんどだからだ。

　知財ビジネスの別の形として、その技術を自社の製品・サービスで使う可能性がなくても、異業種や特許保有件数の少ない新規参入の他社に特許やテクノロジをライセンスし、積極的にロイヤリティ収入を得る、請求権としての使い方もある。私自身は、後に述べるように、このような知財の使い方についてはイノベーションを阻害するものとして、否定的である。

6.1.6　研究者と知財

　それでは、研究者個人にとって発明開示のメリットは何だろうか？　会社によっては、特許出願に関してノルマがあったり、報奨金があったりするので、それが発明開示のインセンティブになりうる。しかし、研究者にとって、それ以上のメリットがあるのだと私は思う。発明開示書を書いてそれが知財部門に送られると、知財部門ではまず、それが公知のアイディアかどうかを判断する。2章でも述べたように、研究者にとって、先行研究の調査は常に避けて通れない研究のステップである。発明開示書を書けば、知財部のプロが先行研究の調査をしてくれるので、自分が見落とした先行研究を見つけてくれるかもしれない。たとえそのアイディアが公知であることがわかったとしても、関連のアイディアにどういうものがあるのか、どの分野に応用できるのか、どのような会社や研究者がその分野で活動しているのか、そのような多くの価値ある情報を得ることができる。このような社内の仕組みを使わない理由はない。

　良い発明開示書を書くにはどうしたらよいだろうか？　それは、論文やプレゼンテーションと同じで、良い特許をたくさん読むことがよさそうだ。同僚の発明の審査会を覗いてみるチャンスがあるのなら、出席してみるのがよい。また、同様に、自分でもたくさん発明開示書を書いてみるのがよい。もし、自分の発明開示が、他人の

ものよりも特許出願になる率が高いのだとしたら、それは喜ぶべきことではなく、むしろ、自分にはもっと発明開示書を書く余力があるのだ、と反省すべきだ。もっと書いてみよう。たとえ、特許にならなかったとしても、アイディアを文書化することには、研究者にとって大きなメリットがある。1つは文書化することによって、より考えがはっきりまとまること、もう1つは文書化しておくことによって、そのアイディアが将来誰かの目に留まるかもしれないことである。3.1節で「なぜ論文を書くのか」について議論したのとまったく同じことが、ここでも言えるのである。

たくさんの発明開示を出すということは、逆に言えば1つのアイディアに拘泥しないということでもある。後で述べるが、私は知的財産権に関する訴訟に関与したことが何度もある。知財の侵害訴訟というのは、知財を許可なく使った被告に対して、知財の権利者である原告がその使用の差止めや損害賠償の支払いを要求して起こすものである。もちろん、知財の侵害は許されるべきではないが、訴訟になるようなケースは侵害とみなされるかどうか判断が微妙であるものが多いようだ。私自身も何十本かの特許を書いているので、侵害されたと思う原告の気持ちはわからないでもない。しかし、過去の特許の価値を争うエネルギーがあるのならば、研究者ならばどんどん次のアイディアを出していったらどうか、と思うこともある。少なくとも、自分はそうありたいと思う。

6.1.7 特許制度の問題点

私は2005年から10年間、知的財産高等裁判所の専門委員を拝命していた。専門委員というのは、知財に関する裁判など、高度な専門性を要求する係争が起きた場合に、専門家の立場として判事にアドバイスを行う、という役割である。IBMやキヤノンに勤務していたときには、当事者から忌避されることが多いようで、裁判に呼ば

れることは少なかったが、統計数理研究所に勤務していたときには多くの裁判に関与することになった。

　ある裁判では、海外の **NPE**（Non Practicing Entity）が、保有する特許を侵害しているとして、ある通信会社に対して差止請求を行ったものだった。NPE とは、特許を保有するが、自社ではその特許を利用しない法人をいう。NPE のすべてが特許制度に害をなすとは思わないが、いわゆる**パテント・トロール**と呼ばれる会社は NPE とみなせる。この NPE は、何年も前にドイツの大企業から購入した電子メールに関する特許を日本で申請し、それが登録されるとただちに被告に対して差止請求の訴訟を起こしたのであった。被告の通信会社は、まだ市場に参入したばかりで、このような訴訟に対して準備ができていないのは明白だった。法廷に先だって、原告・被告がそれぞれ立場を説明する技術説明会が開かれるのであるが、原告代理人、被告代理人の弁護士としての力の差があるのは、素人の私から見ても歴然だった。この電子メール特許は、専門委員の私から見れば出願時に公知であるのは明白だったのだが、被告の争点は、被告のシステムが特許の侵害要件を満たしているかどうか、ということであり、そもそも特許が有効であるか、という点は争点として取り上げられなかった。残念ながら、専門委員は判事から質問を受けないと意見を述べることはできない。判事はあくまでも、原告・被告から出された争点についてのみ判断をくだす。だから、私は悔しい思いをしながら、説明会を聞いていた。後から聞くと、NPE は保有する特許を侵害している可能性のある会社のうち、最も力の弱いものを選んで争いに持ち込むようである。被告は万が一差止請求裁判で負けると、事業そのものを止めなければならない。それならば訴訟される前に和解金を払おう、ということが起きるようだ。

　最近の例だが、Sound View 社という米国の NPE が、オープンソースソフトウェアで使われている特許を利用して、多くのユー

ザー企業を訴えるという事例があった[28]。Sound View 社が手に入れた特許は、もともとは AT&T のベル研究所が発明したもので、オープンソースの大規模並列化ミドルウェア Hadoop で使われているものだった。この特許は、その後ベル研究所の後継である Lucent Technologies 社が受け継ぎ、なんらかの経路を経て Sound View 社の所有になった。同社は、この特許を侵害しているとして、デルタ航空などユーザー企業を次々と訴えた。ユーザー企業は、これらのテクノロジに精通しているわけではないので、侵害について技術的に争ってくることはない、という Sound View 社の目論見だったと思われる。

このような事例を見ると、私には残念ながら現在の特許制度は「発明を促進する」という目的を外れて、制度的疲労を起こしている面があると考えざるをえない。重要なポイントは以下の2点である。

1. 利用にペナルティがあること
   現在の特許制度では、他人の特許を知らずに使うと罰せられるが、良い特許を持っているのに社会のためにそれを役立たせない人には罰則の規定がない。良い特許は人類の財産であり、より広く使われてこそ、人間社会に資するものである。

2. 無制限の請求を認めていること
   現代のシステムの大多数はソフトウェアを含んでいて、またほとんどのソフトウェアには多くの特許が使われている。それらのすべてのライセンスを網羅的に確認するのは事実上不可能だ。もし、見落とした特許の1つでもパテント・トロールの手に落ちると、それがシステム全体の中でどんなにマイナーなものであっても、パテント・トロールは事業の差止や高額な損害

---

[28] https://cloudipq.com/2019/04/30/sound-view-escalates-patent-assault-on-open-source-software-with-new-wave-of-lawsuits/?fbclid=IwAR0sgQLS

賠償を請求することができる。これは事業を行う者にとって大きなリスクである。

この問題に、どうしたら対応できるだろうか。1つのアイディアは、IBMが、Global Innovation Outlook（GIO）の1トピックとして議論し、提案したIPマーケットプレース[29]だ。アイディアはこういうことだ。

- 特許権者は、その特許のライセンス料をいくら、と宣言する。
- その特許を使いたい人は誰でも、その価格でライセンス購入できる。
- 特許権者はその価格のXX％を「固定資産税」として国に納める。

もし、特許権者がその特許を独占実施したければ、きわめて高額なライセンス料を設定すれば、参入障壁にできる。その代わり、高額な固定資産税を支払わなければならない。これは独占（あるいは発明を実施しないこと、させないこと）に対するペナルティと考えることができる。これは上記問題の1に対する解となる。

もし、発明に価格弾力性がある（価格を1/2にすれば、2倍以上のライセンスが見込める）場合には、ライセンス料を安く設定すれば、多くの収入を得ることができる。これは特許のライセンスに透明性を持ち込むアイディアであり、市場原理によって合理的なライセンス料が設定される。これは、上記問題の2を解決する。

マーケットプレイス型の特許制度は良いアイディアだが、今の特許制度がそう簡単に変わるとは思えない。もう少し直近のパテント・トロール対策として有効だと私が思うのは、**LOT**（Licence on Transfer）という概念だ。この概念を実現する非営利組織である

---

[29]　http://www-06.ibm.com/jp/company/pdf/G517_3313_00JP.pdf

LOT Network [30] では、メンバーが保有する特許について「その特許が万が一パテント・トロールの手に渡った場合には、他のメンバーすべてに自動的に無料のライセンスを付与する」という契約が結ばれる。特許がパテント・トロールの手に落ちない限り、LOT の効力は発生しないので、皆が特許を自社内にとどめておく限りは、今までの特許制度と何ら変わりはない。しかし、メンバーのどれかの特許がパテント・トロールの手に落ちた場合は、メンバーの誰もがその特許を無料で使えることになる。

6.2 契約

　世界の産業構造は急速にサービス産業への転換を行っている。IBM は以前はコンピュータの製造・販売が主な業務であったが、今では売上げの半分以上がサービス・ビジネスである。皆さんが今は製造業だと思っている会社も、将来はサービス業の会社になっているかもしれない。もし、研究者がサービス・ビジネスに組込まれて、研究成果が製品を通してでなく、サービスを通して市場に出ていくとしたら、どのようなことに気をつけなければならないだろうか？

　知っておかなければならない大切なことの1つは、研究活動がお客様との契約に縛られるかもしれないということである。たとえば、お客様のデータセンターを最適化することによって、データセンターから発生する二酸化炭素を削減する、というサービスをあなたの会社が請け負ったとしよう。このためには、いろいろなことをやらなければならない。お客様のデータセンターを調査したところ、研究所が持つ半導体冷却技術と、電力消費を最適化するアルゴリズムが効果を発揮しそうだ、ということがわかった。このため、研究

---

[30]　https://lotnet.com/

所の研究員が現地へ調査に赴く。彼らはお客様から開示していただいたデータを元に、手持ちの技術を改良し、お客様のデータセンターに適合するように修正し、実際に適用し、最終的に所定の二酸化炭素削減の成果をあげたとする。これは、確かに素晴らしい研究成果であり、企業の研究者がやるべき仕事である。だが同時に、研究員は、このお客様との契約に細心の注意を払わなければならない。お客様との契約によって生じる義務があるからである。

このようなプロフェッショナル・サービス、情報産業で言えばコンサルティングやシステム・インテグレーション、アウトソーシングなどがこれにあたるが、このようなサービスの契約の際に、関連する研究員が気をつけなければならない項目は、大きく分けて2つある。守秘義務と、知財に関する扱いである。

守秘義務はその名のとおり、お客様の機密情報を漏らさない、というものである。お客様は当然あなたの会社を信頼して、社内の機密情報を開示してくださる。たとえばここに、お客様のサーバー毎の365日、24時間の稼働率のデータがある。大変興味深いデータだ。よく見ると、サーバーの配置を入換えたり、役割を変えることによって大幅な電力節減ができそうだ。そのためには、同僚研究員のAさんの意見を聞きたい。あなたは、このお客様のデータをAさんに見せてもよいだろうか？　その答えは、「契約による」である。もし、契約の守秘義務が、「プロジェクトメンバーに限る」となっていたら、Aさんにこのデータを開示することは契約違反になってしまう。「プロジェクトを遂行する上で必要な範囲で社内で開示してもよい」という契約であれば、Aさんに見せることは問題ないだろう。しかし、今度は、このプロジェクトメンバーであるが、子会社のSEであるBさんに対しては見せてもよいのだろうか？　答えは「『社内』の定義による」である。データそのものは見せなかったとしても、そのデータの意味するところのエッセンス、たとえば「このお

客様のビジネスのピークは毎年 12 月 23 日である」というような情報は他人に話してよいだろうか？　あるいは、プロジェクトが終わって 3 年たってから、この内容を元に論文を書いてもよいだろうか？　これらの問いに対する答えはすべて「契約による」である。したがって、研究員はお客様との秘密保持契約の内容を知らずには済まされないのである。

　知財に対する取決めも、それほどバリエーションは多くないが、しっかり把握しておく必要がある。たとえば、プロジェクト実施中に、お客様のデータを見たことで新しいアイディアを思いつき、発明開示したとしよう。もちろん、契約がなければ法的には発明は自動的に発明者または発明者が所属する企業に帰属する。しかし、契約書には何と書いてあるだろうか？　チェックしてみよう。

　お客様との関連以外にも、契約について知っておかねばならないことがある。それは、ネット上の著作物、特にプログラムやデータについてである。これらの知的財産の利用は、利用規約に縛られることが多い。例えば学術目的のデータセットについては商業利用を認めないことが多い。また、オープンソースのコードを安易に自社のシステムに組込むと、オープンソースの利用規約が自社のコードにまで適用される場合もあるので注意が必要である。わからなければ、知財部門や法務部門に相談することをお勧めする。

6.3 インテグリティ

　特許、契約の件は法律に関わることであり、最大限の注意を払わなければならないが、それ以外にも研究者・技術者として守らなければならない倫理的な行動規範がある。このような行動規範を守る

ことを、英語ではインテグリティ（integrity）[31] と呼ぶことがあり、最近はこの言葉が日本でも使われはじめている。

6.3.1 研究者のインテグリティ

インテグリティという言葉は、コンピュータサイエンスの世界では（データやシステムの）完全性と訳されることが多いが、人に対して使われる場合は、誠実さ、高潔さという意味に使われる。常に高い規範に基づいて行動する、そのような研究者が、"researcher with integrity" である。

残念ながら研究者の**不正行為**（misconduct）は時々あるようで、最近大きく話題になったのは、STAP 細胞に関するものであった。本書執筆時点では、STAP 細胞に関する論文は、捏造されたデータに基づくものだというのが共通理解である。

1999 年には、Lawrence Berkeley National Laboratory のヴィクトール・ニノフが、クリプトンイオンを鉛の板に衝突させることで原子番号 118 の元素を発見した、という論文を *Physical Review Letters* に発表した。実際には筆頭著者であるヴィクトール・ニノフがデータを捏造していたことが 2002 年に判明した[32]。この論文には他に 14 名の共著者がいたようだが、それらの人はデータのチェックを怠ったらしい。

もちろん、これらの論文は査読を通っている。しかし、査読者は、明らかな間違いや論旨の欠陥は指摘するが、著者が実施したと主張する実験のデータが正しいものであることについては、著者の正直

---

[31] 発音に注意。日本語では「インテグリティ」と平板に発音することが多いが、英語では /ɪnˈteg.rə.t̬i/ のように、"te" のところにアクセントがある。「イン、テグリティ」と意識的に分けて発音するとそれらしく聞こえる。

[32] https://www.sfgate.com/bayarea/article/Berkeley-lab-found-research-fabricated-2796433.php

さを信じるのが普通だ。だから、査読者を騙そうとしてデータを捏造すれば、注目を浴びる論文を書くことは比較的容易なのだと思う。

研究における不正行為（misconduct）として主なものは、

1. 事実の**捏造**（fabrication）
2. **改ざん**あるいは意図的な**隠蔽**（falsification）
3. 他人のアイディア・成果の**剽窃**（plagiarism）

の3つである。これらのことは、論文を書く際にはもちろんのこと、研究のプロポーザルを書く際や、他人の研究のレビューをしたりその他のレポートを書く際にも行ってはならない。

もちろん、人は間違いを犯すものだから、誠実に行った仕事の中で間違いがあることはやむをえない。したがって、誠実に行動したにも関わらず結果として事実と違う報告をしてしまったような場合は、不正行為とは呼ばない。ただし、もし間違いに気がついたときには、ただちに、かつ完全に正すべきだ。たとえば発表済みの論文に間違いを見つけた時には、ただちに編集者にその事実を包み隠さずすべて報告すべきである。

上記3つ以外にも、研究者は以下の点に気を配るべきである。

● すべての共著者はその論文の内容に十分な貢献があり、また論文の全体像を正しく説明できること。貢献のない人を、人間関係のためだけに共著者に加えてはならない。
● 関連あるいは先行研究を正しく引用すること。他の研究者の貢献を正しくクレジットすること。
● 査読等で**利害相反**（conflict of interest）の可能性がある場合、正直に申告すること。
● 関係者を意図的に誤解させるような行動をとってはならない。
● 研究に関する資料は、会社の規定で定められる期間、保存する

こと。

● もし、不正行為あるいは不適切な行為の存在を知った場合には、マネジメントへ報告すること。

　これらのことは、実際には微妙な判断を求められることが多々ある。「これは自分のアイディアだ」と思っても、実は他人とのディスカッションの中から無意識のうちに、徐々に形成されていったものである場合など、である。大事なのは、お互いの信頼関係であり、問題が起きたときには誠実に対応する。それが、「研究者のインテグリティ」なのだと思う。

　そもそも、研究者のコミュニティは、お互いの信頼関係から成り立っているのだし、査読自体も報酬なしのボランタリであることがほとんどだ。研究者のコミュニティはその意味で、いわゆる**Reputation Capital**（評判という名の資本）から成り立つ社会、すなわち未来を先取りした社会であるとも言える。私たち研究者は、このような社会にいることに誇りを持って、未来社会の指針となるべく行動したいものだ。

6.3.2　技術倫理

　研究者という職業が社会に根付いたのはそれほど昔のことではない。19世紀に入ってからのことである。それまで、科学研究は一部の裕福な者の趣味として、時には自分自身で実施され、時には貴族などのパトロンが資金を提供することで行われてきた。現在では、科学技術の研究開発は職業化され、国にもよるが GDP の 2〜4% が科学技術の研究開発に投入されていて、そのうちの一部は国民の税金である。

　研究の職業化の背景として、科学・学術の社会に対する役割が変化しつつあることを理解すべきである。19世紀までの科学は、自然

の摂理を理解することに主眼が置かれていた。その結果、科学は人々の生活や価値観に影響を受けてはならず、これらからは離れたところで行われるものとされていた。20世紀に入ってから、科学技術が急速に発展するにつれて、科学が我々の社会に直接貢献することが期待されるようになってきた。平成23年に制定された我が国の第4期科学技術基本計画[33]においては、科学技術を「人類社会が抱える様々な課題への対応を図る」ものとして明確に位置づけている。すなわち、もはや科学は人類社会の営みと独立なものではなく、明確な応用目的を持ったものなのである。そのために、大学や企業は研究者に給料を支払い、見返りとしてその成果を享受する。

企業の研究者として私たちは、今まで人類が見たことのないような新しい技術を開発している。そのような技術が社会にどのような影響を与えるのか、考えておくことも研究者にとって必要だ。原子力発電は偉大な工学的な成功だが、同時に社会に対して大きな災厄をもたらすこともある。今後、遺伝子工学や人工知能研究の成果が、人類社会の価値観に大きな影響を与えていくことになるだろう。

私は「人工知能」の倫理に関する議論に招かれたことが何度かある。「人工知能」というのは不思議な言葉だ。本来は「知性を模倣する機械を作ることにより、知性を理解しようという研究分野」を指す言葉だと私は理解しているが、同時にこの人工知能研究から得られた技術を応用したシステムを「人工知能」と呼ぶことがある（一方、熱力学を応用した自動車のことを「熱力学」と呼ぶ人はいない）。このことが人工知能をめぐる倫理の議論に大きな混乱を与えているように思う。

SF映画等に現れる、擬人化された「人工知能」は、実現すれば素晴らしい技術だと思うが、今のところ、実現するための技術的な道

---

[33] https://www8.cao.go.jp/cstp/kihonkeikaku/index4.html

筋は見えていない。あくまでも想像の世界での創造物にすぎない。一方、2014年ころから注目を浴びた深層学習の技術は、人工知能研究を大きく推進させ、いわゆる「AIスピーカー」などこの技術を応用した製品も広く使われ始めている。想像の世界の技術と、現実の技術を混同して議論すると、健全な議論にはならない。

　残念ながら、利益を追求する企業の中には、「人工知能」という言葉を市場が誤解することを承知の上で、自分たちの技術をより良く見せるために使うこともあるようだ。このため、社会が技術に対して過大な期待や、その裏返しである恐怖心をいだく、ということが起きているように思う。<u>私たち研究者は、自分たちの分野の専門家として、技術にできること、できないことを等身大に伝えていく義務がある</u>。それが技術者倫理の最も重要な点であると、私は思う。

　技術によって社会がどのようなインパクトを受けるか、という観点で、私たちが最近注目しているのが、深層学習がプログラミング教育に与える影響である。機械学習とは入出力の事例から、それを模倣するプログラムを（半）自動的に導く技術と捉えることができる。このスタイルのプログラミングを、今までのアルゴリズムを書き下すタイプのプログラミングに対比して、私たちは**帰納的プログラミング**と呼んでいる。もし帰納的プログラミングが将来のプログラミングで重要な位置を占めるのであれば、現在議論されている、初等教育におけるプログラミング教育でも、当然帰納的プログラミングを体験させるべきであろう。そのためにPFNでは、小学校の総合の授業で使える、帰納的プログラミングの教材を用意し、文部科学省に提供した[34]。

　初等教育におけるプログラミングの重要性は、時代とともに認識されるようになった。このように社会の価値観は変化していく。私

---

[34] https://research.preferred.jp/2019/02/primary_education_maruyama/

図12. 帰納的プログラミング教材（上）とそれを用いた授業風景（下）

たちは、社会に対する興味を常に持ち続け、自分たちの技術が社会にどのように影響するかを、想像力をフルに使って常に考えていく必要があるのだと思う。

6.3.3　ビジネスのインテグリティ

　企業の研究者である私たちは、第一義的にその企業の従業員であり、組織のビジネスに貢献を求められるし、組織の行動指針に従わ

なければならない。多くの場合は、会社の行動指針、ルール、業務プロセス、慣習に沿っていれば問題ないはずだが、時にはインテグリティについて真剣に考える必要にも迫られる。

ややこしいのは、正しいのか正しくないのか、白黒つけにくいインテグリティの問題である。インテグリティが、利益を追求する会社の論理とぶつかる場合もある。東京大学の授業で使った、次のケースを考えてみてほしい。

Case

インテグリティ

秋も深まった 11 月、矢野君の担当している ACC（自律型クルーズコントロール）の開発もいよいよ大詰だ。チームのそれぞれが担当している部分の開発はほぼ完了し、来年早々にも計画されている統合テストに向けてチームの機運は盛り上がっている。統合テストがうまくいけば、来年 4 月には実際のテストコースで事業部へのデモをすることになっている。

現在開発中のいくつかのコンポーネントに関しては、ソフトウェア開発の協力会社であるエンソフト社に開発委託をしていて、その検収が月末に予定されている。エンソフト社のエンジニアは優秀で、今のところ品質や納期に問題はなさそうだ。

そんなある日、矢野君は課長に呼び出された。指定の会議室へ行くと、課長と、本部の経理課長の 2 人がいた。課長が言うには、月末のエンソフト社の検収を先延ばししてくれ、という。「そんなことをしたら、来年の統合テストに間に合いません」と反論すると、「いやいや、出来上がったソフトウェアは受け取っていい。適当な理由をつけて、検収書類に捺印するのを来年まで待ってもらえればよいのだ。」と言う。

釈然としないながらも、課長の命令だ。矢野君は、エンソフト社

に対して、あまり重要でない追加のテストの指示を出した。エンソフト社のエンジニアとは良い関係を築いているので、あまり負担をかけたくない。だから、このテストは1日で終わるのだが、そのためのテストデータは年末にならないとエンドー自動車から用意できない、ということにして、結局スケジュール的には1月の検収になるように手配したのだった。

　後で話を聞いてみると、このようなことだったらしい。今年8月の急激な円高で、エンドー自動車の業績も急速に悪化した。このまま行くと年間で赤字決算になってしまう。そのため、エンドー自動車では第4四半期に全社すべての部署に対してコスト5%カットの指示が出ていた。第二技術開発本部の年間予算はおよそ400億円（第4四半期では100億円）、その内の半分がソフトウェアの外注費である。加藤本部長は、年内に予定されていたソフト外注の支払いを、来年に延ばすことによって、本部に割り当てられた5億円のコストカット目標を達成しようとしたのであった。

　「でも、それって**SOX法**[35]違反じゃないですか。それに、下請けいじめだと非難されないですか？」金田部長に飲み屋に誘われたときに、矢野君は聞いてみた。「そんな子供みたいなことを言うな。うちの本部は外注費が削れるからまだいいんだ。人件費ばかりの部署は人を減らさざるをえない。人事本部など、本当に5%のリストラをしたらしいぞ。それに、エンソフトはうちと違って3月決算だ。12月に売り上げが立とうが、1月になろうが、たいした違いはないさ。」

---

[35]　サーベンス・オクスリー法。エンロンの粉飾決算事件などを受けて、企業の内部統制を厳しく定めた法律。日本でも日本版SOX法が2008年より施行された。

これはインテグリティに抵触する問題だろうか。厳密に言えばそのとおりだろう。もしそうならば、大企業の主任研究者である矢野君はどうすべきだろうか。社長に「これはおかしい」と直訴すべきだろうか。この問題に対しても絶対的な正解は無い。その場その場で自分が最善と思う判断をするしかない。

　私自身もマネジメントとして、微妙な判断を下さざるを得なかった経験が多々ある。結果的にルール違反だとして処分を受けたこともある。それらの苦い経験から私が覚えたことは、1）悪いニュースは早く伝えること、2）意思決定については、その理由を含めて必ず記録に残しておくこと、の2点である。ビジネス上の意思決定が、結果的に間違いだったということはよくあることだ。その事自体は問題ではない。もし間違いだとわかったらその時点でそれを正せばよいのだ（もちろん責任をとる必要はある）。私は、意思決定が自分の良識に照らして正しかったのか、が大事なのだと思う。

　インテグリティの問題は、ルールだけで解決する問題ではない。英語には、デュー・デリジェンスという言葉がある。企業の買収などに使われる場合は特殊な意味になるが、一般的には、"常に注意を払う"というような意味の言葉である。日本では**善管注意義務**という言葉があり、同様の意味を持つ。民法にいう、「善意の管理者が当然払うべき注意」に関する義務である。この言葉は、私がマンションの管理組合の役員をやっている時に覚えた。マンションの管理は通常管理会社に任せている。管理会社は、管理組合との間の契約に従って管理を行う。しかし、管理会社の職員は、マンションの非常階段でごみが燃えていたら、たとえ契約に書かれている職務でなかったとしても、消火したり通報したりしなければならない。善意の人だったら、当然そうするだろう、そういうことは契約に明示的に書かれていなくてもやらなくてはならない、そういう意味だ。

　研究者のインテグリティも同じだと思う。善意の研究者だったら

当然やるべきこと、それが研究者のインテグリティであり、会社から与えられたルールを盲目的に守ることではない。そもそも、私はルールというものが嫌いである。ルールに頼ろうとする人は、自分で判断する責任を放棄しているのだと思う。難しい、微妙な判断はそもそもルールには馴染まないものだし、簡単な判断だったらルールに頼らなくてもできるだろう。善意の研究者だったらこうするはずだ、という判断を責任と信念を持ってくだす、そういう研究者になっていただきたい。そして、何かおかしいことがあったら勇気をもっておかしいと言う、そういう組織風土でありたいと思う。

6.3.4 セラノスの教訓

セラノス社は、スタンフォード大学化学科の学部2年生だったエリザベス・ホームズが 2003 年に設立したスタートアップ企業である。静脈から採血するそれまでの血液検査に代えて、指先からの1滴の血液だけで、すべての血液検査ができる、という画期的な技術を開発していた。実現すれば、小型冷蔵庫ほどの装置が各家庭に入り、人々の健康状態が常にモニタリングできる、という壮大なビジョンだった。オラクル創業者のラリー・エリソン、元国務長官ヘンリー・キッシンジャーなどが投資家に名を連ねていて、その企業価値は、一時は Uber を抜いて世界最大の未上場スタートアップ企業になったこともある。

残念ながら、ホームズのビジョンは多くの技術的困難性のために結局実現しなかった。問題だったのは、開発の失敗を糊塗するために、小さな嘘を重ねていったことである。研究は、いつ思いもかけないブレークスルーが現れるかわからない。だから、絶対ダメだと思っても、諦めないで続ければ、いずれは成功するかもしれない。「いま小さな嘘をついても、明日画期的な結果が出れば誰も咎めない」と彼女は思ったのだろう。結局、この「小さな嘘」の積み重ね

は、1滴の血液を薄めて既存の血液検査装置で分析し顧客に報告する、という詐欺まがいのサービスを展開する、というところまで行ってしまい、2018年には米国連邦検察がエリザベス・ホームズと同社の最高執行責任者であったサニー・バルワニを詐欺罪で起訴した。

2003年に起業した際、彼女は自分が詐欺に手を染めるとは夢にも思っていなかったに違いない。あくまでも、病気の人々を救いたい、という純粋な気持ちでスタートしたのだと思う。マイクロフルイディクス技術を使って1滴の血液で血液分析する、というアイディアも秀逸だったと思う。しかし、この技術で行けそうもない、ということがわかった時点でそれを潔く認めることはできなかったのだろうか。

繰り返すが、私たち研究者は、技術にできること、できないことを過大すぎず、過少すぎず、等身大に伝えていく義務がある。そのことを肝に銘じたいと思う。

この章のまとめ

- 知的財産権の仕組み（特許・著作権・商標・ノウハウ）を正しく理解しよう。
- 知的財産権を守ることと同時に、他人の権利を侵害しないことも重要である。
- お客様や、他社との協業に関わる研究プロジェクトにおいては、契約書を良く読もう。
- 自分と組織を守るためには、倫理観を持った研究者にならなければならない。

第 7 章

私たちの研究開発は
どこへ向かうか

Research That Matters

本書では "Research that Matters" をテーマに、企業における研究のあり方、研究者のあり方、組織やリーダーシップのあり方などを議論してきた。私たちの研究開発は、究極的には私たちの社会の発展に寄与するものでなければならないし、それはもう少し身近にいえば事業部やお客様の直近の問題を解くことでもある。しかし、同時に私たちは研究者として真理を探求する心構えを失ってはならない。

　19 世紀の終わり、1894 年にノーベル物理学賞受賞者のアルバート・マイケルソンは次のように述べたと言われている [36]。

> "The more important fundamental laws and facts of physical science have all been discovered, and these are now so firmly established that the possibility of their ever being supplanted in consequence of new discoveries is exceedingly remote. … our future discoveries must be looked for in the sixth place of decimals."

> 「物理学におけるより重要な法則や事実はすべて発見されつくされていて、今や強固に確立されているので、新たな発見の結果によって覆されるなどということは、ほとんどありえない。(中略) 今後の新しい発見は、100 万分の 1 の桁を探さなければならないだろう」

　この最後の 100 万分の 1 云々は、例えば新たな天体を見つけるには、そのくらいの精度の測定をしなければならない、ということを指している。すなわち、その当時の物理学は既に、6 桁の有効数字で既知の天体の動きを正確に予測できていた、ということなのだろう。

---

[36] https://www.goodreads.com/author/quotes/568740.Albert_Abraham_Michelson

アルバート・マイケルソンだけでなく、当時、多くの物理学者が「物理学の基本的な法則はすべて見つかった」と考えていたようである。だが、その6年後にマックス・プランクは量子力学を、また11年後にはアルバート・アインシュタインが相対性理論を発表した。

　上記のアルバート・マイケルソンの言葉は実は、私が IBM 東京基礎研究所にいたときの直属の上司であるポール・ホーンが、IBM 基礎研究部門のパンフレットに掲載していたものである。彼はこの言葉を通して、イノベーションが停滞したと感じる時こそ、ブレークスルーのチャンスなのだ、ということを言いたかったのだろう。誰もが当り前だと思っていることを、それでも「なぜか」と常に問うてみる姿勢が大切なのではないかと思う。

　「なぜか」を問うものとして、2019 年のゴールデンウィークに私が書いたブログ「高次元科学への誘い」を最後に紹介したい。

Blog

高次元科学への誘い

　私は「情報技術が私達の社会にどのような影響を与えるか」という問題に興味を持っています。ここでは、最近進歩が著しい深層学習が、科学の営みにどのように影響を与えるかを考えてみたいと思います。「高次元科学」とでも呼ぶべき新しい方法論が現れつつあるのではないか、と思うのです。

1.　深層学習と科学

　そもそも、この考えに行き着いた背景には、私が統計数理研究所で過ごした5年間がありました。統計数理研究所は大学共同利用機関として、自然科学の様々な研究を推進するための統計的手法を研究しています。ご存知の通り、統計的仮説検定や統計モデリングは、現代の科学における重要な道具立ての一部です。そのような道具立

てが、科学の方法論の長い歴史の中でなぜそのような地位を占めるようになってきたか、に興味を持つようになったのです。

きっかけは、情報技術が科学の方法論をどのように変えてきたか、を論じた「第4の科学」[21] でした。自然界を観察することで法則を導く実験科学（第1の科学）、数理的な法則を仮定した上で、論理的な演繹に基づいて新たな法則を導く理論科学（第2の科学）に加えて、解析的な求解が困難な問題に対してコンピュータによる数値解を求める計算科学（第3の科学）、多量の観測データからコンピュータによって法則を探すデータ中心科学（第4の科学）を提唱したものでした。

私はその中で、そもそも帰納的な科学における統計の役割に惹かれました。ある現象を観測したらある法則が成り立ちそうなことがわかりました。でも1回の観測では説得力がありませんから、何度も繰り返し観測します。これが法則として認められるのは、何回観測すればよいのでしょうか。20世紀初めに確立された統計的仮説検定の手法は、帰納的な科学において初めて、仮説の定量的な評価を可能にしたものです。しかし、残念ながら計算機のある今の世界では、統計的仮説検定に基づく今の方法論は壊れかけています。統計的仮説検定では、まず仮説を固定した上で「この仮説が成り立たないとすれば、いま得られた実験結果が偶然得られる確率はどのくらいか」を問います。この「仮説を固定した上で」というところが重要なのですが、今の計算機パワーを用いれば逆に、実験結果を固定した上で「この実験結果によく合う仮説は何か」を探してくることができます（例えば「米国の科学予算は、首吊りなどで自殺する人数に比例する」は、統計的仮説検定では真と認められる仮説です。このような「寄生相関」はよく知られています [22]）。このため、科学者がよく理解せずに形式的に統計的仮説検定を使うべきではありません（米国統計学会は2016年に統計的有意性とp値の利用に

ついて警告を出しました［23］）。第 4 の科学の時代に、今までの統計的仮説検定（p 値）に基づく方法論を見直す時期に来ているのは明らかです。この 100 年間以上認められてきた科学の方法論の賞味期限が切れかけているのであれば、科学の営みの中で私達が当り前だと思っている他の価値観についても、もう一度吟味しなおしてもよいのではないでしょうか。

　一方で、私は大学共同利用機関法人情報・システム研究機構（統計数理研究所はその一部です）で、学際研究プロジェクト「システムズ・レジリエンス」を推進していました［24］。私が統計数理研究所に着任したのは 2011 年、東日本大震災の直後です。このような大災害に対して科学に何ができるか、を考えるために、私達は国立極地研究所、国立遺伝学研究所、国立情報学研究所、国立環境研究所などの研究者と共に「壊れても元に戻るシステムとは何か」を考えました。その中で、どうしても避けては通れなかったのが、複雑性についての議論です。複雑性の研究者のジョン・キャスティは『X イベント - 複雑性の罠が世界を崩壊させる』という本［25］を書いています。複雑さが単調に増加していくシステムは、必然的に大規模な崩壊を伴う、というものです。もしそれが真であれば、私達は何とかして複雑さを手なづけなければなりません。一方で、サイバネティクスの古典論文に、ウィリアム・ロス・アシュビーの「最小多様性理論」［26］というものがあります。これによれば、システムを完全に制御するためには、制御側には、制御される側の状態数を超える数の状態を持たなければならないことが証明されています。複雑なシステムをそれより単純なシステムで制御することはできません。つまり、複雑さを低減するような仕組みは作れないのです。もしそうであるならば、複雑なものを複雑なまま扱うための道具立てが必要になります。

　以上のような背景で、答えが見えずにモヤモヤしていたところに

出会ったのが、深層学習でした。私は 2015 年から株式会社
Preferred Networks（PFN）の顧問でしたが、毎週 1 回、岡野原副
社長をはじめとするメンバーの議論に参加する機会がありました。
当時、深層学習が注目され始めたころで、PFN でも次々に新しい論
文を読んではそれらの技術の追試をしていました。深層学習がやっ
ていることは、明らかに統計モデリングなのですが、何百万・何千万
という桁違いの数のパラメータを扱います。通常の統計モデリング
の常識で言えば、このようなモデルは訓練データにオーバーフィッ
ト（過適応）してしまい役に立たないのですが、深層学習はなぜか
汎化性能のよいモデルを作ることができます（この「なぜか」とい
うところについては、だいぶ理論研究が進んできていろいろな理由
がわかってきているようですが、そのあたりは私はフォローしてい
ません）。

　線形回帰や主成分分析のような統計モデリングは、自然界の作用
機序を解明するため使うことができます。つまり「科学における重
要な手法」なのです。では、統計モデリングの一種である深層学習
（ただし極めて大きなパラメータ次元を持つ）は、自然科学において
どのような意味を持つのでしょうか。それが「高次元科学」を考え
るきっかけとなる問いだったと思います。

2. 還元主義からの脱却

　科学には、対象がいくら複雑でも個別の要素に分解すれば、それ
ぞれの要素については理解できるはずだ、という、ルネ・デカルト
『方法序説』流の**還元主義**があります。これは複雑さをどのようにて
なづけるか、という問いに対する、私達人類の叡智の 1 つといえま
す。その裏には最小の原理から説き起こせば自然界の作用機序は説
明できるはずだ、という**オッカムの剃刀**と呼ばれる科学における根
源的な価値観があるのだと私は考えます。対象を十分に分解すれ

ば、それは（例えば第一原理のような）単純な法則まで落とし込むことができ、それらの組合せですべてを説明できる、という立場です。工学的に言えば要素還元論は、**抽象化**（詳細の隠蔽）であり**モジュール性**です。私たちが金融システムやジェット旅客機など極めて複雑な工学システムを（まがりなりにも）安心して利用できるのは、それがシステム工学的に直交したコンポーネントに分解でき、それぞれの部品の正しさを検証できるからです。動作が正しいとわかっている部品を正しく組み合わせれば、できあがったシステムの振る舞いはきちんと予測できるはずだからです。

　確かに、単純な原理ですべてを還元的に説明できれば美しいでしょうが、なかなか世の中はそうはいかないようです。私達の興味を引くような対象の多くは複雑だからです。その典型的なものが生物で、これに関しては福岡伸一さんの名著『世界は分けてもわからない』[27] があるのでぜひ読んでいただきたいと思います。人間の知性や社会のダイナミクスも、少数の直交基底に分解できない問題の例だと思います。京都のお寺の枯山水がなぜ人々の心を癒やすことができるのでしょうか。あそこに石があり、ここに松があるから、という要素には分解できずやはり「全体として捉える」しかないのではないでしょうか。このように東洋的な美も、還元主義では説明できないものの一例でしょう。さらには、本来還元主義的であるべき工学システムにおいてさえ、**抽象化の漏れ**が発生します。日本の製造業の強みである「すり合わせ」は、還元主義の限界をたくみに超えようとした知恵と考えることができます（この点については、2010 年にブログ「抽象化の呪い」[37] を書きました）。

　現在、PFN は国立がんセンターと共同で、血液中の ExRNA にもとづくがん診断に取り組んでいます。本来細胞内にあるべき RNA

---

[37]　https://japan.cnet.com/blog/maruyama/2010/06/26/entry_27040793/

の断片（MicroRNA）が何らかの要因で血液中に現れたものが、ExRNA ですが、これには 4,000 種類以上あるそうです。これら ExRNA の血液中の発現量を測定することで、様々ながんが見つかると期待されています。今まで、この 4,000 種から「XX がんを特定する支配的な ExRNA」を探そうと多くの研究者が研究をしてきました。がんセンターと PFN は、特定の支配的 ExRNA を探すのをやめて、4,000 種の発現量すべてを同時に見てがんを診断すれば、飛躍的に診断精度を上げることができることを見つけました。これも、還元主義的でなく「全体を同時にみる」ことでブレークスルーを起こした例といえます。

　全体を同時にみるということは、統計モデリングの言葉で言えば説明変数を恣意的に取捨選択することはしない、ということになります。その中から少数の主成分や基底を同定することも（明示的には）行いません。つまり、システムの作用機序を決定するモデルが本質的に非常に多くのパラメータを持っている、超高次元なモデルであることを仮定しているということができます（生成モデルなどでは、入力変数の空間を圧縮して得られた潜在空間を積極的に活用しますが、これも通常数百、数千のパラメータからなる空間です）。

　この立場は、少数のパラメータからスタートして、複雑な振る舞いが創発されるとする複雑性理論とは根本的に異なる立場だと思います。**複雑性理論**では、現象の複雑さは結果として現れるだけで、その本質には低次元のパラメータ空間で定められる初期値がある、と仮定するからです。一方、**情報量理論**では、複雑さの程度を「乱雑さ」（エントロピー）として捉えようとしますが、その内部構造については基本的に問いません。これらの立場に対して、複雑だけど構造を持つ、すなわち「非常に多くのパラメータがあるが、それぞれがお互いを束縛しながら動くことで出来るモデル（数学的には超多次元空間に埋め込まれた**多様体**で表現されるようなもの）」という

考え方もあると思います。このような考え方が、生物学や社会学や、科学におけるその他の多くの「面白い問題」のモデル化に必要になってきている、という認識が私が「高次元科学」と呼ぶものの正体です。

　ある物理学者の方がおっしゃっていたのですが、非線形・非平衡・励起状態・動的な物性は、従来物理学者が「汚い領域」として避けてきた領域だそうです（注：その後「非平衡の物理学は近年急速に進歩して活発に研究されている」というご指摘を受けました）。あるいは、科学においては**不良設定問題**、すなわち解が一意でなかったり、解の空間に不連続な点が存在したりする問題は、解くのが難しいとされています。一方、深層学習は、極めてパラメータ数が大きいために、任意の高次元・非線形な関数を近似することができます。十分な量の例示データさえあれば、科学の「汚い領域」や「不良設定問題」をモデル化できる可能性が出てきたのです。

3.　人間の認知限界と科学のゴール
　このような高次元モデルの問題意識は昔からあったのだと思うのですが、なぜ今までの科学は「オッカムの剃刀」の価値観を信奉し低次元モデルにこだわっていたのでしょうか。その 1 つの理由が人間が持つ認知限界だと思います。
　生物は様々なレベルの知性を持っています。犬や猫は相当賢いですし、ミツバチやアリは集団での知性を持っています。粘菌のような比較的単純な生物ですら、かなり知的な行動をすることが知られています。地上の生物の中で最も知的なものは、もちろん我々人間でしょう。でも、宇宙にはもっと多様な生物がいると信じられています。そのうちのいくつかは、人間よりもはるかに知的かもしれません。
　知性のモノサシ（そんなものがあるとすれば）を考えてみましょ

う。「知性」を何で測るかはまったくもってわからないのですが、非常にラフな近似として、コンピュータでいうところの計算速度、すなわち単位時間にどの程度の情報処理を行えるか、を知性の指標と考えてみましょう。コンピュータの計算速度はムーアの法則によって指数関数的に増加しますから、これが続くとすれば知性は対数スケールで表現するのが自然でしょう。問題は、人間の知性がこのスケールのどこに位置するか、ということです。歴史学者のユヴァル・ハラリがその著書『ホモデウス』[28] で指摘しているように、人間の脳の能力がここ数万年の間にほとんど変化していないのであれば、70 億の人間の 1 人ひとりの能力はこのスケールのごく狭い範囲に分布することになります。アインシュタインだろうが、市井の市民科学者だろうが、このスケールの中ではどんぐりの背比べです。我々の 2000 年の科学の歴史が、実はこの「知性の限界」に強く影響を受けていたとしても不思議はありません。

Z. アーテシュテインの『数学がいまの数学になるまで』[29] は、我々の知っている数学が、いかに人間の直感に沿って作られてきたかを教えてくれます。ユークリッド幾何学は「任意の 2 点を通る直線が存在する」「2 つの平行な直線は交わらない」など 20 の公理から組み立てられています。しかし、なぜこの 20 個でなければならないのでしょうか（例えば、非ユークリッド幾何学は、これとは異なる公理系を持っています）。これは、世の中に可能な（無矛盾な）公理系はどのくらいあるのか、という疑問につながります。集合論、確率論など私達が数学で使う公理系は様々なものがありますが、それらは可能な公理系のすべてを尽くしているでしょうか。これらは、たまたま人間の直感にあったものが選ばれた結果ではないでしょうか。本来、我々にとって重要な公理系だが、我々の直感によって視界が遮られているために、まだ発見できていないものがあるかもしれません。もしそうであるならば、高度に抽象的な学問である

数学でさえ、その発想は人間に直感的に理解できる発想に制約されている、といえるのかもしれません。もし、人間より知性のスケールで何桁も賢い存在が、我々の物理学、生物学、数学、情報科学を研究したらどのような理論体系ができるでしょうか。彼らには100万次元の空間内での多様体を、あたかも私達が野球のボールやドーナツの形を簡単に思い浮かべることができるように、直感的に理解できるかもしれません。

　一方で、我々は情報処理機械という、（論理的な計算という特定の側面で）知的な機械を手に入れつつあります。私達が使っている深層ニューラルネット（モデル）は数千万から数億のパラメータがあります。そのモデルが、対象の作用機序を表現しているのだとすれば、その内容をただの人間が「理解」することは絶望的ですが、それでも結果として良い予測をしたり、制御においては望みの結果を得たりすることができます。ここに「科学の究極の目的は何か」という問いが出てくると思うのです。

　今までの科学（ここでは「低次元科学」と呼ぶことにします）では、自然界の作用機序を理解することが目的と考えられていました。もし、ニュートンの万有引力の法則で物体の運動を説明できるのであれば、それを利用して天体の運動を予測したり、弾道を計算して望みの場所に着弾させたりすることができます。すなわち「作用機序の理解」が「予測」や「制御」に使えるわけです。作用機序がわかれば予測や制御ができるのは当然ですが、必ずしも「作用機序の理解」が予測や制御の必要条件というわけではありません。高次元モデルを使えば、精度の高い予測や制御が「理解」なしでできるようになってきたからです。

　ここでいう「理解」とは何でしょうか。それは、あくまでも「人間にとって」の理解であり、人間の持つ知性に対して相対的である概念であることに注意する必要があります。私たちよりはるかに進

んだ知性だったら、1億個のパラメータを持つ深層ニューラルネットでさえ、私たちが線形回帰式を理解できるように理解できるのかもしれません。もし「科学」が普遍的なものであるのだとすれば、それが、たまたま今の人間の知性レベルに縛られてよいものでしょうか。その制約を解き放つのが「高次元科学」だと思うのです。

複雑系システムの研究者であるオランダのヴァーヘニンゲン大学のマルテン・シェファー教授は、「我々の科学は解ける問題、あるいは理解できる問題だけしか解いてこなかったのではないか」と警鐘を鳴らしています[38]。研究者にとって「論文が書ける問題を設定する」ことは極めて重要ですから、研究者個人のキャリアを考えればこれは正しい戦略でしょう[39]。しかし、「人類社会にとって解くべき問題」は、必ずしも「作用機序が理解できる問題」とは一致しないのではないでしょうか。もしそうであるならば、高次元科学という新しい科学の道具を手に入れた今、「科学の究極の目的は何か」について、もう一度見直してみる時期に来ているのではないでしょうか。

科学の方法論をはじめ、民主主義の仕組み、経済の仕組み、会社の組織構造など、私たちの社会を構成する多くの要素が、長い時間をかけて今の形に進化してきたものだと考えることができる。なぜそのように進化したのだろうか。科学の方法論が今の形になったのはなぜか。民主主義が今の仕組みになったのはなぜか。自分の会社の組織構造が今のようになっているのはなぜだろうか。それぞれの

---

[38] https://www.wur.nl/en/show/Speech-2010-by-Prof.-Marten-Scheffer.htm

[39] 2.1節「良い問題を選ぶ」では、まさにこのことを述べた。それとは矛盾する主張だが、研究者のキャリアの中のどこかの段階で「何を解くべきか」をもう一度考えてみる必要があるのではないかと思う。

進化に寄与した環境条件を考えると「なぜ」の答えが見えてくる。

　私たち研究者は、既存の概念にとらわれず、常に「なぜ」を問い続ける姿勢を持ちたいものだ。既成概念を疑ってかかる好奇心こそが、私たちの研究開発を推進する原動力だ。そこからしか真にマターする研究は生まれない。そのことをお伝えして、筆を置きたい。

おわりに

　2008 年のリーマン・ブラザーズの破綻をきっかけに起きた金融危機は研究の世界にも大きな影響を及ぼした。急速に冷え込む経済に対応するため、IBM 基礎研究部門も大幅なコストカットを余儀なくされた。私も東京基礎研究所の所長として、多くの研究員に転職を促さざるをえなかった。俗に言うリストラである。その年の暮れにリストラが一段落した段階で、私は自分の進退を真剣に考えた。退職の意志を固めたのは翌年 1 月である。私は入社以来 26 年間、米国出張やコンサルティング部門への出向もあったが、基本的にはずっと東京基礎研究所に所属していた。多くの研究員の皆さんと技術的な議論をするのはとても楽しかったし、様々な経験をさせていただいた。ある意味、東京基礎研究所は私の職業生活のすべてであった。4 月に東京基礎研究所を離れたときには、心理的にとても辛かったのだと思う。帰宅する電車の中で突然涙が出てきて止まらないこともあった。夜も眠れなくなり、産業医に相談して心療内科に通うことになった。

　それは私にとって辛い経験だったが、10 年経ったいま振り返ってみると、それは最良の決断だったのだと思う。キヤノン、統計数理研究所、東京大学での授業、そして PFN での経験がなければ、研究の営みに関して様々な観点から深い洞察をすることは不可能だった。統計数理研究所で確率・統計について 1 から学びなおしたことが、機械学習工学という新しい分野の開拓につながった。

　1985 年に、スティーブ・ジョブズは自分が創業したアップル社を追われる。2005 年の有名なスタンフォード大学でのスピーチで、彼は「非常に辛いことだったが、自分の人生で最良の出来事だった」と述懐している。その後の数年間は、スティーブ・ジョブズにとっ

て大きな創造性を発揮できた期間で、現在の iOS の基盤となる NextStep を開発した Next 社や、アニメーション映画で有名な Pixar 社を立ち上げた。

　もちろん、私の経験はスティーブ・ジョブズのそれとは比べ物にならないが、それでも「挫折は大きな成長のバネになる」という意味では共通するものがあるのではないかと感じる。

　前書のあとがきにも書いたが「人間万事塞翁が馬」なのだと思う。人生にはいろいろなことがある。辛いこともあったがその時はその時で、特に人生を悲観するでもなく、家族との時間を大切に、私は生きてきた。過去や未来をくよくよ考えることなく、その場その場の"今"を精一杯生きていく、というのが良い生き方なのではないかと思う。そうすればチャンスは後からついてくる。それが、これから社会に出て行こうという皆さんに対する私の最後のアドバイスである。

謝辞

　26年間にわたって公私共に交流のあった、IBM 東京基礎研究所の研究者の方々、短い時間であったが多くの気づきを与えてくれたキヤノンの技術者の方々、統計数理研究所をはじめ、情報・システム研究機構でシステムズ・レジリエンスやデータサイエンティスト育成のプロジェクトでご一緒いただいた研究者の方々、それに PFN の同僚にまずお礼を申し上げたい。これら研究者の方々に研究のアイディアを話してもらったり、聞いてもらったり、技術的な詳細を議論したりするのは本当に楽しかったし、それらの交流を通して、この本で語った企業の研究に対する私の考えが形成されてきた。

　IBM を退職する際に私は、「どの組織に勤めているかは仮の姿。真実は個人の人のつながりにある」と申し上げた。今でもこれらの人々の多くと研究の場で、あるいはサイクリングや登山などの趣味の場でつながりがあるし、そのうちの何名かは、PFN での同僚でもある。

　前書もそうだが、この本も、私が企画を持ち込んで出版していただいたものである。近代科学社の小山さんは、無理な注文にも快く応えてくださった。この本は、出版と同時に機械翻訳システム[40]による英語版を Web 上で公開する予定である。機械翻訳システムの利用を快く許諾してくださった、みらい翻訳の皆様に感謝する。

　最後に、常に笑顔のたえない明るい家庭を支えてくれている家族に感謝する。ありがとう。

---

[40]　https://miraitranslate.com/

参考文献

[1] 丸山 宏，企業の研究者をめざす皆さんへ，近代科学社，ISBN-13: 978-4764903821, 2009.

[2] Don Stokes, *Pasteur's Quadrant: Basic Science and Technological Innovation*, Brookings Inst Pr, 1997, ISBN: 978-0815781776.

[3] Katayama, Yasunao, *et al*. "Wave-based neuromorphic computing framework for brain-like energy efficiency and integration." *IEEE Transactions on Nanotechnology*, 15(5), 762-769 (2016).

[4] 金出 武雄，素人のように考え、玄人として実行する—問題解決のメタ技術，PHP 研究所，2003, ISBN: 978-4569624570.

[5] 諏訪 良武，たった 2 つの質問だけ！ いちばんシンプルな問題解決の方法，ISBN-13: 978-4478006016, ダイヤモンド社，2010.

[6] J. Angrist and W. Evans, "Children and Their Parents' Labor Supply: Evidence from Exogenous Variation in Family Size," *The American Economic Review*, 88(3), 1998.

[7] 長尾 眞，情報学は哲学の最前線，私家版，2019.

[8] Garr Reynolds, *Presentation Zen: Simple Ideas on Presentation Design and Delivery*, New Riders, ISBN-13: 978-0321525659, 2008, 邦訳『プレゼンテーション zen』，丸善出版，ISBN-13: 978-4894713284, 2009.

[9] 宇佐美 典也，30 歳キャリア官僚が最後にどうしても伝えたいこと，ISBN-13: 978-4478021606, ダイヤモンド社，2012.

[10] デーブ・ウルリヒ，スティーブ・カー 他，GE 式ワークアウト，日経 BP 社，ISBN-13: 978-4822243371, 2003.

[11] Palmisano, Sam. "Leading change when business is good. Interview by Paul Hemp and Thomas A. Stewart." *Harvard Business Review*, 82(12), 60-70 (2004).

[12] George Kohlrieser, *Hostage at the Table: How Leaders Can Overcome Conflict, Influence Others, and Raise Performance*, ISBN-13: 978-0787983840, 2006.

[13] アイヴァン ホール，知の鎖国—外国人を排除する日本の知識人産業，ISBN-13: 978-4620312156, 毎日新聞社，1998.

[14] Frédéric Laloux, *Reinventing Organizations: A Guide to Creating*

Organizations Inspired by the Next Stage of Human Consciousness, 邦訳『ティール組織―マネジメントの常識を覆す次世代型組織の出現』, 2014.

[15] Clayton Christensen, *How Will You Measure Your Life*? ISBN-13: 978-0008316426, 2012, 邦訳『イノベーション・オブ・ライフ ハーバード・ビジネススクールを巣立つ君たちへ』, ISBN-13: 978-4798124094, 2012.

[16] Alison Gopnik, *The Gardener and the Carpenter: What the New Science of Child Development Tells Us About the Relationship Between Parents and Children*, ISBN-13: 978-1784704537, 2017. 邦訳『思いどおりになんて育たない：反ペアレンティングの科学』, 2019.

[17] Winograd, Terry. *Understanding natural language*. ISBN-13: 978-0127597508, Academic Press, 1972. 邦訳『言語理解の構造』, 産業図書, 1976.

[18] Rosamund Stone Zander & Benjamin Zander, *The Art of Possibility: Transforming Professional and Personal Life*, Penguin, 2002, ISBN: 978-0142001103, 邦訳『チャンスを広げる思考トレーニング』, ISBN: 978-4822242947.

[19] Ben Horowitz, *The Hard Thing About Hard Things: Building a Business When There Are No Easy Answers*, ISBN-13: 978-0547265452, HarperBusiness, 2014. 邦訳『HARD THINGS』, ISBN-13: 978-4822250850, 日経BP, 2015.

[20] Marshall Goldsmith, Mark Reiter, *What Got You Here Won't Get You There: How Successful People Become Even More Successful*, ISBN-13: 978-1401301309, 2007. 邦訳『コーチングの神様が教える「できる人」の法則』, ISBN-13: 978-4532313562, 2007.

[21] Hey, Tony, Stewart Tansley, and Kristin M. Tolle. *The fourth paradigm: data-intensive scientific discovery. Vol. 1.* Redmond, WA: Microsoft research, 2009.

[22] Tyler Vigen, *Spurious Correlations*, ISBN-13: 978-0316339438, 2015.

[23] Wasserstein, Ronald L., and Nicole A. Lazar. "The ASA's statement on p-values: context, process, and purpose." *The American Statistician*, 70(2), 129-133 (2016).

[24] 情報・システム研究機構新領域融合センターシステムズ・レジリエンスプロジェクト, システムのレジリエンス さまざまな擾乱からの回復力, ISBN-13: 978-4764905085, 2016.

[25] John Casti, *X-Events: The Collapse of Everything*, ISBN-13: 978-0062088284, 2012. 邦訳『X イベント 複雑性の罠が世界を崩壊させる』, ISBN-13: 978-4023311558, 2013.

[26] Ashby, W. Ross. "Requisite variety and its implications for the control of complex systems." *Facets of systems science*. Springer, Boston, MA, 405-417 (1991).

[27] 福岡伸一, 世界は分けてもわからない, ISBN-13: 978-4062880008, 講談社, 2009.

[28] Yuval Noah Harari, *Homo Deus: A Brief History of Tomorrow*, ISBN-13: 978-1784703936, 2017. 邦訳『ホモ・デウス 上（下）：テクノロジーとサピエンスの未来』, ISBN-13: 978-4309227368（上）, ISBN-13: 978-4309227375（下）, 2018.

[29] Z. アーシュテイン, 数学がいまの数学になるまで, 丸善出版, ISBN-13: 978-4621301685, 2018.

索引

著者略歴

丸山　宏 （まるやま ひろし）

1983 年：東京工業大学修士課程修了
同　　年：日本アイ・ビー・エム入社
　　　　　ジャパン・サイエンス・インスティテュート（後の東京基礎研究所）にて，人工知能，自然言語処理などの研究に従事
1997-2000 年：東京工業大学 情報理工学研究科 客員助教授
　　　　　XML，Web サービス，及びセキュリティの研究・開発・標準化を行なう
2003-2004 年：IBM ビジネスコンサルティングサービス株式会社へ出向
2006-2009 年：東京基礎研究所所長　2007 年より執行役員
2009-2010 年：キヤノン株式会社 デジタルプラットフォーム開発本部 副本部長
2011-2016 年：大学共同利用機関法人 情報・システム研究機構 統計数理研究所 教授
　　　　　サービス科学，ビッグデータ分析，人材育成，システムズ・レジリエンスなどの研究に従事
2016-2018 年：株式会社 Preferred Networks 最高戦略責任者
2020 年- ：東京大学人工物工学研究センター特任教授（兼任），花王株式会社エグゼクティブフェロー（兼任）
現　　在：株式会社 Preferred Networks PFN Fellow

新　企業の研究者をめざす皆さんへ

© 2019 Hiroshi Maruyama　　　　Printed in Japan

2019 年 12 月 31 日　　初版第 1 刷発行
2023 年 2 月 28 日　　初版第 2 刷発行

著　者　　丸山　宏
発行者　　大塚 浩昭
発行所　　株式会社 近代科学社
　　　　　〒101-0051 東京都千代田区神田神保町 1-105
　　　　　https://www.kindaikagaku.co.jp

中央印刷
ISBN 978-4-7649-0606-8
定価はカバーに表示してあります

近代科学社の **啓 発 書** A5変型シリーズ

日本語 - 英語バイリンガル・ブック
マインドフルネス：沈黙の科学と技法
著者：松尾 正信
A5 変型・208 頁・本体 1,800 円＋税

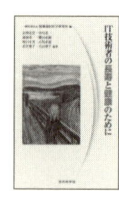

IT 技術者の長寿と健康のために
編：一般社団法人 情報通信医学研究所
編者：長野宏宣・中川晋一・蒲池孝一・櫻田武嗣
坂口正芳・八尾武憲・衣笠愛子・穴山朝子
A5 変型・224 頁・本体 2,400 円＋税

システムのレジリエンス
―さまざまな擾乱からの回復力―
著者：大学共同利用機関法人 情報・
システム研究機構 新領域融合センター システムズ・
レジリエンスプロジェクト
A5 変型・144 頁・本体 2,200 円＋税

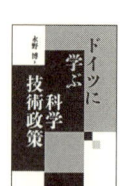
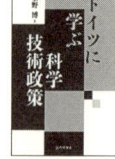

ドイツに学ぶ科学技術政策
著者：永野 博
A5 変型・272 頁・本体 2,700 円＋税

研究者の省察
著者：黒須正明
A5 変型・228 頁・本体 2,200 円＋税

知のデザイン ―自分ごととして考えよう―
共著：諏訪 正樹・藤井 晴行
A5 変型・280 頁・本体 2,400 円＋税

日本語 - 英語バイリンガル・ブック
武藤博士の 発明の極意
―いかにしてアイデアを形にするか―
著者：武藤 佳恭
A5 変型・160 頁・本体 1,800 円＋税